核电站建设基坑爆破和挤淤爆破振动效应

主 编　张　南　谢兴博　钟明寿　等

科学出版社

北　京

内 容 简 介

本书主要围绕核电站建设过程中涉及的爆破工程产生的爆破振动影响展开论述。第 1 篇主要结合"广东阳江核电站基坑负挖爆破工程"项目，对边坡附近的大量爆破进行了监测记录，通过对监测所得的数据进行分类、筛选、分析、研究，找出了爆破振动速度与加速度沿边坡向上传播的规律，并分析了其对边坡稳定的不利影响。然后利用 ANSYS/LS-DYNA 方法，模拟了爆破振动在边坡的传播，进一步分析了边坡高程放大效应对边坡稳定性的影响。第 2 篇主要以"江苏省连云港田湾核电站扩建项目船山爆破工程及其发电机组取水明渠的挤淤爆破工程"为背景，通过对挤淤爆破工程振动监测数据的分析，探究了挤淤爆破地震波的传播规律及其对周围建筑的影响特点，同时与普通岩石爆破地震波的相关特点进行对比，分析了它们的不同之处。

本书适用于从事爆破工程设计和施工的技术人员，以及从事爆破振动研究的科研人员和学者，尤其适用于核电站建设中爆破工程设计人员。

图书在版编目（CIP）数据

核电站建设基坑爆破和挤淤爆破振动效应 / 张南等主编. —北京：科学出版社，2018.12

ISBN 978-7-03-059915-5

Ⅰ.①核… Ⅱ.①张… Ⅲ.①核电站-基坑-爆破-研究 Ⅳ.①TM623

中国版本图书馆 CIP 数据核字（2018）第 268718 号

责任编辑：李涪汁 邢 华 / 责任校对：杨聪敏
责任印制：吴兆东 / 封面设计：许 瑞

科学出版社 出版
北京东黄城根北街 16 号
邮政编码：100717
http://www.sciencep.com

北京厚诚则铭印刷科技有限公司印刷
科学出版社发行 各地新华书店经销
*
2018 年 12 月第 一 版 开本：720 × 1000 1/16
2025 年 4 月第三次印刷 印张：9 3/4
字数：200 000

定价：79.00 元
（如有印装质量问题，我社负责调换）

编 委 会

主　审：徐建华　成新民
主　编：张　南　谢兴博　钟明寿　王　辛　丁　凯
编　委：董　文　张　胜　李兴华　牛腾冉　王怀玺
　　　　谢全民　孙剑男　田成祥

序　言

众所周知，日趋成熟的爆破技术在核电站建设施工过程中发挥了重要作用。目前来说，核电站建设中的爆破技术主要用于开挖基坑和构筑取水堤两个方面。开挖基坑时使用的基坑负挖爆破技术是一种常见的典型的工程爆破技术，已十分成熟；而构筑取水堤时使用的是挤淤爆破技术，其爆破机理和施工工艺相比于基坑负挖爆破技术更加复杂。不论何种爆破施工技术，在爆破过程中均会产生爆破振动，并对其周边环境设施产生影响甚至危害。

核电站的基坑负挖爆破工程中，当工程推进一段时间后，将按预期形成边坡，即人工岩质边坡。实践表明，后续爆破产生的地震波会给已开挖边坡的稳定性带来安全隐患，因此，深入研究地震波在边坡中传播的规律，探索爆破振动带给已开挖岩质边坡稳定性的影响，对保障边坡稳定及周边环境设施安全具有重要的现实意义。作者在现有研究理论的基础上，查阅了大量的文献资料，从理论上分析研究了影响边坡稳定性的因素，并把这些因素分为内因与外因，内因是决定边坡是否失稳的关键，而外因是诱发边坡失稳的重要因素，书中着重对爆破振动这一外因展开了分析。本书结合"广东阳江核电站基坑负挖爆破工程"项目实地展开研究，对边坡附近的大量爆破进行了监测记录，通过对监测所得的数据进行分类、筛选、分析、研究，找出爆破振动速度与加速度沿边坡向上传播的规律，并分析其对边坡稳定的不利影响。最后利用 ANSYS/LS-DYNA 方法，模拟爆破振动在边坡的传播，进一步分析边坡高程放大效应对边坡稳定性的影响，弥补实测数据的局限，扩展了研究的成果。

核电站的挤淤爆破工程中，其施工工艺特殊、一次起爆规模大，加之爆破施工周围的环境复杂、相关理论还不够成熟，容易造成一些爆破危害，特别是爆破振动对爆区周围建筑物造成的危害存在普遍性、复杂性，极易引起民事纠纷。因此，有必要对其爆破振动效应及影响进行深入探究，以合理控制爆破振动危害，避免不必要的民事纠纷，同时减少经济损失。挤淤爆破以其爆破参数设计、地震波传播的复杂介质等特殊性而不同于普通的岩石爆破，它们的地震波传播规律不同，建筑结构对其地震波的响应特性也不同。书中主要以"江苏省连云港田湾核电站扩建项目船山爆破工程及其发电机组取水明渠的挤淤爆破工程"为背景，通过对爆破工程振动监测数据的分析，探究挤淤爆破地震波的传播规律及其对周围建筑物的影响特点，同时与普通岩石爆破地震波的相关特点进行对比，分析它们的不同之处。

本书总体分为两篇，第 1 篇主要论述基坑负挖爆破振动对人工岩质边坡稳定性的影响；第 2 篇主要论述挤淤爆破振动传播规律及对周边建筑物的影响。第 1 章、第 2 章，以及第 4 章由张南撰写，第 3 章由谢兴博撰写，第 5 章由钟明寿撰写，第 6 章由王辛撰写；其余人参与了本书的部分编写工作。

由于水平所限，加之成书仓促，不妥之处在所难免，敬请参用本书人员批评指正！

编　者

2018 年 7 月

目　录

第 2 篇　挤淤爆破振动传播规律及对周边建筑物的影响

第1篇 基坑负挖爆破振动对人工岩质边坡稳定性的影响

在采矿、交通、水利等工程领域的土石方工程施工中，往往利用爆破的方法对坚硬岩体进行破碎，而只有约四分之一的爆炸能量用来破岩，其余能量大都消耗在岩石的抛掷与过度破碎、产生爆破地震波和空气冲击波等方面，其中弹性区内爆破地震波的能量只占爆炸总能量的2%~6%。在爆破开挖过程中，爆破振动诱发的边坡失稳是工程中常见的灾害之一。例如，大冶铁矿在1969~1979年因爆破影响而发生的滑坡达25次，滑坡总量为123.03万 m^3，其中最大的一次达87.6万 m^3。1980~1993年，爆破开挖导致四川峨眉山水泥厂石灰石矿区多处滑坡（最大滑动面积达61000m^2），严重影响矿区安全生产[1]。云南漫湾水电站，在坝基爆破开挖时，左岸边坡曾经发生较大规模的坍塌[2]。1989年，湖北省松滋市，某乡镇企业在沿铁路线上方边坡开采石灰石，导致边坡坍塌，受滑坡影响的铁路线近2km，严重干扰了铁路的正常运营，造成了巨大的经济损失[3]。1996年我国乌拉嘎团结沟露天金矿采场由于爆破触发滑坡[4]，滑坡量高达130万 m^3。

很多学者认为，爆破振动对岩质边坡稳定性的影响主要表现在两个方面：一是爆破振动荷载的反复作用，引起结构面的张开、扩展以及岩体结构的松动变形，导致岩体结构面抗剪强度指标降低，减小了边坡的稳定性系数；二是爆破振动引起的惯性力导致边坡整体下滑力加大，降低了边坡的安全系数。除此之外，爆破损伤与渗流耦合、爆破触发水膜化、高地应力区的爆破卸载也是爆破荷载作用下影响边坡安全的因素[5-9]。近年来，边坡的静力稳定性分析，特别是土质边坡的稳定性分析已经趋于成熟，岩质边坡在天然地震影响下的稳定性分析也有所发展。但是岩质边坡在爆破振动影响下的稳定性研究仍没有成熟可靠的评价方法与标准可遵循，这一点能够从抗震规范的有关条文中体现出来。因此，岩质边坡地震稳定性分析的研究更为迫切。

对于岩质边坡，由于岩质边坡体内存在许多不规则的结构面，因此岩体是非连续、非均质、各向异性的介质。岩质边坡在开挖前就受到地应力、构造应力、温度应力、自重应力和地下水等的作用，此外，岩质边坡还受本身岩石类型、自然界风化侵蚀等影响，因此岩质边坡稳定与否不仅取决于岩体内部地质结构，也取决于外部环境的影响，是多种因素综合作用的结果。

对于边坡稳定性的研究，是基于人类的生产活动而形成的。随着世界上各个国家大规模工程建设的开展，出现了各种边坡灾害，造成了很大的损失，这使得人们把边坡稳定性作为一项课题来进行分析研究。就边坡稳定性的研究而言，其大致经历了以下几个阶段。

在19世纪末至20世纪初期，随着欧美资本主义国家的工业化及修筑铁路、公路、露天采矿和天然建材等大规模工程活动的开展，开始出现人工边坡，诱发了大量滑坡、崩塌，造成了很大损失，这时人们才把边坡失稳现象提高到与人类工程有关的地质灾害高度加以研究，所以人类对边坡稳定性的研究是从滑坡现象开始的。早期对边坡稳定性的研究主要从两个方面进行，一是借用土力学中极限平衡的概念，根据三个静力平衡条件计算边坡极限平衡状态下的整体稳定性；二是从边坡所处的地质条件及作用因素上进行对比分析，属于类比分析的范畴。

第二次世界大战后的 20 年间，随着各国工程建设的发展，各种边坡的失稳破坏现象逐渐增多，从而对边坡稳定性研究的发展起到促进作用。1950 年，Terzaghi 发表了《滑坡机理》，系统地阐述了滑坡产生的原因与过程；1952 年，在澳大利亚-新西兰区域性的土力学会议上，参会人员所提交的论文大部分都与滑坡有关；1953 年，在瑞士召开了第三届国际土力学与基础工程会议；1954 年，在瑞典的斯德哥尔摩举行了全欧第一届土力学会议，该会议的主题就是滑坡稳定性问题；1955 年，Bishop 就极限平衡法提出了修正的条分法，1956 年，Janbu 在此基础上又提出了更精细的条分法，而 Sarma[10] 在 1979 年提出了著名的 Sarma 法，该方法克服了以前只能垂直条分的局限，可以任意进行条分；1958 年，美国公路局滑坡委员会编写了《滑坡与工程实践》一书，是世界上第一本全面阐述滑坡防治的书籍；1960 年，日本的高秀野夫发表了《滑坡及防治》，并且日本于 1964 年 3 月正式成立了滑坡学会，出版季刊《滑坡》；1968 年，在布拉格举行了第 23 届国际地质大会[11]，期间酝酿成立了国际工程地质协会，同时也成立了"滑坡及其块体运动委员会"，由捷克人 Pasek 担任主席，这是当时关于滑坡方面的第一个国际性组织，成员尚不足 20 人。从 1977 年到 2000 年，国际滑坡学术讨论会召开了八次。在每次会议上，各国专家都就滑坡研究的现行方法和技术及突出的新进展交换观点和交流经验[12, 13]。

我国对边坡的研究相对比较滞后。中华人民共和国成立初期，随着经济的复苏兴建了一系列露天矿山，虽然滑坡或边坡失稳屡有发生，但由于开挖深度浅，大型滑坡并不太多，因此边坡稳定性问题及其对生产和安全的影响并不太突出。在此期间，我国的边坡稳定性研究工作尚处于建立队伍的初期发展阶段。研究工作的重点侧重于滑坡历史资料的分析及滑坡形态分类，以及不同边坡的稳定分析方法及相应变形破坏机制的探讨。在此期间，边坡的稳定性分析多借用土力学理论，而很少考虑岩体的结构特性及岩体的地质结构面，特别是软弱结构面对边坡岩体稳定性的影响。

20 世纪 60 年代初期，国际上数个大型边坡失稳（滑坡）事故的发生，例如，意大利的瓦依昂滑坡[14]以及我国在 20 世纪六七十年代道路、水电建设中大量灾害事故的发生，大大促进了我国对边坡稳定性的研究，同时也使得国内外众多的岩土地质工作者认识到边坡的失稳破坏不仅与岩性有关，还将受到边坡地质体内部的结构控制，岩体结构是控制边坡岩体变形破坏的决定因素。并且，边坡的变形破坏具有时效特征，边坡的演化是一个时效过程或累进性破坏过程，每一类边坡的失稳，都有其典型的变形破坏过程。这些过程的力学机制只有用岩石力学理论才能做出接近实际的解释，从而引进了岩石力学的有关概念及理论来分析研究边坡岩体的变形破坏，并从实践中归纳出了有代表性的变形破坏机制模式[15]，并将边坡地质体的形成演化机制与其变形破坏的全过程联系起来，使人们对边坡稳定性的研究工作进入了科学的轨道。在这一时期，中国科学院地质与地球物理研究所工程地质与水资源研究室提出的岩体结构理论及相应的边坡岩体工程地质力学方法，对边坡稳定性的研究或滑坡分析是一个具有创见性的重要发展。该分析方法的本质在于以岩体结构理论为基础，强调岩体中结构面特别是软弱结构面对边坡岩体变形及边坡失稳破坏的控制作用，运用赤平极射投影及实体比例投影的作图方法，确定边坡潜在不稳定块体可能的几何形态或滑移边界，以及与现场滑坡条件相应的滑面岩体强度指标，定量地分析和评价边坡的稳定状态。目前，这种分析方法在我国的边坡工程设计及边坡稳定性分析中已获得广泛的应用。另外，在此期间，边坡工程的加固、现场原位岩体力学实验及岩体力学特性的研究，以及包括数值模拟及物理模拟在内的研究边坡稳定性的各种实验方法及技术得到了较快的发展，且更加重视边坡变形破坏机制的研究，在边坡稳定性分析及评价中强调进行综合分析评价[16-18]。

进入 20 世纪 80 年代，边坡研究工作进入了一个新的时期，除侧重于边坡稳定性分析方法的研究外，人们借助数值模拟和物理模拟手段，在系统科学方法的指导下，对边坡地质体赋存环境、内部应力状态、变形破坏机制、影响稳定性作用因素等，从整体上、内部作用机理等方面有了更为全面的认识和理解。可以说，这一阶段是边坡科学发展、成熟的高峰期。1980 年，我国的潘家铮教授提出了边坡稳定性问题的最大值、最小值原理[19]；1981 年，中国科学院武汉岩土力学研究所编写出版了《岩质边坡稳定性的试验研究与计算方法》一书，详细讨论了岩质边坡的稳定性问题。在这一阶段，我国边坡稳定性分析的主要特点是在国内大量滑坡工程实践的基础上建立了我国岩质边坡变形破坏的典型地质模型，并提出了以岩体板裂结构理论为基础的边坡岩体溃屈破坏模型，强调了边坡岩体变形的动态监测在边坡稳定分析中的作用。事实上，我国对诸如新滩滑坡及白银露天矿边坡的成功预报，都是以边坡岩体变形的动态监测资料为基础的。在此期间，人们比较重视滑坡滑面强度指标的反分析，提出在评价边坡工作状态时应建立并区别边坡的稳定性评价与安全性这样两个既相互联系，又存在明显区别的不同概念，强调在边坡稳定性评价与分析中，应该考虑岩体中初始地应力场作用方式以及露天矿形状对边坡稳定性的影响。在工程实践中，不但应该利用露天矿的初始应力（地应力）对边坡变形破坏特征进行总体评价，而且应该利用地应力作用下滑动面上实际存在的应力状态进行定量的稳定性分析，这种分析方法与单纯只考虑岩体自重应力作用相比，无疑更加符合实际情况，分析结果也更加可靠。

到了20世纪90年代以后，随着人们认识的不断深入及研究方法的不断成熟，对边坡稳定性的分析取得了一些可喜的成就。但是，由于发展中国家建设步伐的加快，人工边坡的规模不断扩大，边坡的稳定性问题也日益突出，人们发现，在用常规的稳定性方法评价后，往往存在稳定性系数K大于1的边坡失稳，而K小于1的边坡仍然稳定的情况。由此逐渐发展了边坡稳定性研究的可靠性分析理论[20-26]，并将非线性科学理论（如灰色系统理论、模糊理论、神经网络理论、分形理论、尖点突变模型、自组织理论等）应用于边坡的稳定性分析，用来解释边坡变形破坏过程及失稳方式和失稳时空预报等[27-31]。这期间有代表性的成果有秦四清博士等的《非线性工程地质学导引》[32]，该书系统地将非线性科学分析方法用于工程地质领域，尤其是边坡科学领域，拓展了人们对自然地质体的认识域，改变了人们的思维方式。在基础工程地质研究中，王兰生和李天斌[33]提出并应用浅生时效改造理论，分析研究了地质体的动态历史演化过程及其对岩体稳定及区域稳定的影响，取得了大量有价值的研究成果。

第1章　边坡失稳机理

边坡是一个开放的系统,在其形成的过程中和形成之后,一般都要经历各种不同类型和不同方式的力的作用,一方面使得边坡岩体岩层的分布以及裂隙分布不均匀,局部块体的稳定状况相差很大;另一方面,边坡岩体会随着环境场的改变而不断调整自身的应力状态,引起应力重分布。为了适应这种新的应力状态,岩体将发生不同程度和规模的变形,若变形达到塑性阶段还不能满足边坡应力调整的要求,则岩体变形累积发展,直至破坏。因此,岩质边坡的失稳是多种因素综合作用的结果,是一个动态的、持续发展的过程。

1.1　边坡的分类

边坡分为土质边坡、岩质边坡和岩土混合边坡。全部由土体组成的边坡称为土质边坡;全部由岩体组成的边坡称为岩质边坡;而由部分土体、部分岩体组成的边坡称为岩土混合边坡,通常岩土混合边坡中土体厚度超过 3m。

由于边坡工程的复杂性,我国《建筑边坡工程技术规范》(GB 50330—2013)中规定了适用的边坡高度范围:岩质边坡的高度在 30m 以下,土质边坡在 15m 以下。对于超出上述范围的边坡工程,应进行专门认证和特殊设计。

典型的边坡如图 1-1 所示。边坡与坡顶面相交的部位称为坡肩;与坡底面相交的部位称为坡趾或坡脚,边坡与水平面的夹角称为坡角或坡倾角,坡肩与坡趾间的高差称为坡高。

边坡的类型有如下分类。

1)按边坡工程类别分

(1)道路边坡:堑坡、堤坡、洞口边坡等。

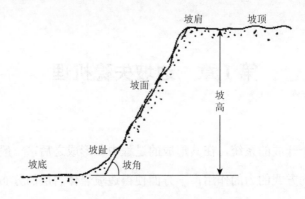

图 1-1　典型边坡示意图

（2）水利边坡：坝肩边坡、渠道边坡等。

（3）露天矿边坡：采场边坡、弃渣场边坡等。

（4）建筑边坡：堑坡与深基坑边坡等。

2）按使用年限分

（1）临时性边坡（2 年及 2 年以内）。

（2）短期性边坡（30 年以内）。

（3）永久性边坡（≥50 年）。

3）按边坡岩土构成分

（1）土质边坡。

（2）岩质边坡。

（3）岩土混合边坡。

4）按边坡岩件结构分

（1）类均质土结构边坡。

（2）近水平层状结构边坡。

（3）顺倾层状结构边坡。

（4）反倾层状结构边坡。

（5）斜交层状结构边坡。

（6）碎裂状结构边坡。

（7）块状结构边坡。

1.2　边坡失稳破坏的模式

边坡失稳破坏即滑坡，是山体发生大变位或滑动破坏的地质现象的总称。岩质边坡是一个复杂的地质体，其变形破坏的方式也是多种多样的，各国学者在分析大量滑坡灾害的基础上曾提出过多种滑坡分类的方案，国际滑坡登录小组将滑坡分为 5 类：①崩塌；②倾倒；③滑动；④侧向扩展拉裂；⑤流动。孙广忠等将滑坡分为 9 类：①楔形体滑坡；②圆弧滑面滑坡；③顺层面滑动滑坡；④倾倒变形边坡；⑤溃屈破坏边坡；⑥复合型滑面滑坡；⑦岸坡或斜坡开裂变形体；⑧堆积层滑坡；⑨崩塌碎屑流滑坡。张倬元等将滑坡分为 5 类：①蠕滑-拉裂；②滑移-压致拉裂；③弯曲-拉裂；④塑流-拉裂；⑤滑移-弯曲。在水利水电工程中，滑坡灾害也经常发生，根据滑坡发生的部位和成因，一般可将滑坡分为河岸滑坡、水库滑坡和开挖失稳边坡三类。在国家"八五"科技攻关研究成果报告中根据滑坡形成模式，建议将滑坡分为以下 7 种类型：①崩塌；②滑动（平面、弧形、楔体）；③倾倒；④溃屈；⑤侧向扩展拉裂；⑥流动；⑦复合。这 7 种破坏类型的详细描述，见表 1-1。

表 1-1　边坡变形破坏分类

序号	变形破坏 类型	变形破坏 亚类	变形破坏特征	变形破坏机制	破坏面形态
1	崩塌		边坡上局部岩体松动、脱落，主要运动形式为自由坠落或滚动	拉裂。岩体存在临空面，在结合力小于重力时，发生崩塌	无明显滑动面
2	滑动	平面	边坡岩体沿某一结构面整体向下滑移	剪切-滑移。结构面临空或坡脚岩层被剪断	层面或贯通性结构面形成滑动面

序号	变形破坏		变形破坏特征	变形破坏机制	破坏面形态
	类型	亚类			
2	滑动	弧形	散体结构的边坡，沿圆弧形滑动面滑移，坡脚隆起	剪切-滑移。内摩擦角偏小，坡高坡角偏大	圆弧形滑动面
		楔体	两个或三个结构面组合而成的楔体，沿两个滑动面交线方向滑动	剪切-滑移。结构面临空	两个以上滑动面相结合
3	倾倒		在层状结构的反倾向边坡中岩层较陡时，表部岩层逐渐向外弯曲倾倒滑动等现象	弯曲-滑移。由于层面密度大、强度低，表部岩层在风化及重力作用下产生弯矩	无明显滑动面
4	溃屈		层状结构的顺层边坡，岩层的倾角与坡角大致相似，边坡岩层逐层向上鼓起，在鼓起变形的同时产生层面拉裂、脱层等现象	滑移-弯曲。顺层向剪应力过大，层间的结合偏小，上部坡体沿软弱面蠕滑，下部受阻而发生纵向弯曲	层面拉裂，局部滑移
5	侧向扩展拉裂		在双层结构的边坡中，下部为软岩，软岩产生塑性变形或流动，使上部岩层发生扩展、移动、下沉、拉裂等变形现象	塑流-拉裂。重力作用下，软岩变形流动使上部岩体失稳	软岩中变形带
6	流动		崩塌碎屑类堆积在重力作用下，向坡角或峡谷内流动，形成碎屑流滑坡，多发生在具较大自然坡降的峡谷地区	流动。碎屑体饱水后在重力作用下，产生流动	碎屑体内流动无明显滑动面
7	复合		包含两种以上破坏形式的组合，包括不同部位的组合及不同发展阶段的组合		

对以往发生的岩质滑坡的地质特征进行分析可以发现，不论什么类型的滑坡，其发生的原因都是与岩土体的结构密不可分的，不同结构类型岩体中发生的滑坡类型是不一样的，换句话说，岩体结构类型在很大程度上决定了边坡的破坏模式。在这7种类型中，在工程实际中最常见到的破坏类型主要有平面滑动破坏、弧形滑动破坏、楔体滑动破坏、倾倒破坏及溃屈破坏等。以下简要介绍这几种岩质边坡破坏类型的特点。

1.2.1　平面滑动破坏

典型的岩质边坡的平面滑动破坏通常是滑体沿与山坡倾向大致相近的单一滑面滑移，滑面可以是岩体内发育的构造结构面，如岩层层面、层间软弱夹层和长大断层节理裂隙等。滑面的倾角缓于地形坡度,滑面在坡面上出露,滑体两侧一般临空,或有人工开挖的凹槽切割使滑体临空。在工程实践中也会经常遇到非典型的平面滑动破坏,即滑面是由两个或两个以上走向近似、倾角不同的结构面组成的复合滑面。例如,近年来发生的贵州洪家渡水电站进场公路边坡滑坡、广西平班水电站国道高边坡滑坡、云南云荞水库枢纽面板坝趾板上游边坡滑坡等均属于单一滑面的典型平面滑动类型。

1.2.2　弧形滑动破坏

在工程实践中,经常能够见到在岩质边坡内发生弧形滑动破坏的现象。Hoek教授认为岩体中发生此类破坏模式的条件是岩体中的单个块体与边坡尺寸相比是极其小的,且这些块体由于其形状的关系不是相互咬合的,在这种情况下,大型岩质边坡的破坏就会以圆弧形的模式出现。因此,在碎裂和散体结构高度风化或高度蚀变的岩体中发生的滑坡,其滑面通常都表现为圆弧形。1989 年 9 月在漫湾水电站"三洞出口"发生了高度为 100m 的滑坡,滑坡岩体为强风化流纹岩,呈碎裂镶嵌结构,且有一组顺坡节理倾向坡外,构成了对边坡稳定极为不利的因素。岩体风化破碎形成的滑坡并不是全部沿这组节理,而是基本上沿几组节理的组合,在整体上呈弧形滑动。此外,在层状结构岩体中发生的顺层岩质滑坡,其典型的破坏模式为平面滑动破坏,滑面平直顺层发育,但在很多情况下也存在呈弧形的滑动面。

1.2.3　楔体滑动破坏

在岩质边坡的失稳模式中,楔体滑动破坏是最常见的一种类型,在边坡失稳模式中占有重要位置。楔体是由两条或两条以上的结构面对岩体切割而形成的,滑体同时沿这两个面发生滑移,故其滑移方向必然是沿着这两个结构面的组合交线方向,且该交线的倾角必定缓于边坡坡角,并在坡面出露。由于滑体同时沿两个面滑动,所以其力学机制比较复杂。在边坡开挖过程中,边坡表面由于卸荷作用,岩体松弛,强度降低,加以坡面不平整,小块岩体极易具备临空条件,所以在开挖边坡的表面,经常会发生小块岩体以平面或楔体滑动破坏形式的剥落现象,其体积为几立方米至几百立方米不等。影响楔体稳定的因素有滑体自身重力、底滑面的抗剪强度参数、滑面上的外水压力和外荷载等。有关楔体滑动破坏的原理、产生条件及稳定性分析方法,Hoek 教授在 *Rock Slope Engineering* 一书中进行了详细的阐述。

楔体滑动破坏在工程实践中经常发生。例如,高度为 300m 左右的大冶露天矿边坡,边坡岩体岩石坚硬,岩体结构基本上属于完整结构,稳定性理应较高,但由于受断层切割,局部形成了楔形块体,并出现破坏迹象,所以施工开挖过程中及时进行了锚固处理。三峡工程地下厂房尾水出口边坡在开挖过程中,设计人员先后确定了大量可能下滑的楔形岩块。这些由在片麻状花岗岩内发育的几组节理组成的不稳定块体呈随机形式出现,方量为几十立方米到几千立方米不等,给边坡整体稳定和建筑物安全造成了严重威胁,工程中采用锚杆、锚筋桩、预应力锚索等逐一对此类不稳定楔形块体进行了加固处理。

1.2.4　倾倒破坏

倾倒破坏是岩质边坡的又一种主要失稳类型,常见于反倾层状结构边坡岩体中。1976 年 Goodman 和 Bray 将弯曲倾倒变形破坏归纳为三种基本类型(图 1-2),即弯曲倾倒(flexural toppling)、块体倾倒(block toppling)和块体弯曲倾倒(block flexural toppling)。Goodman 和 Bray 认为弯曲倾倒多发生于非常发育的陡倾斜不连续面所分割的连续岩柱;坚硬岩柱被大间距正交节理切割时可能会发生块体倾倒;当岩柱被许多横节理切割时,岩柱变形由横节理分割的各小岩块位移累积而成，形成似连续性弯曲状，则为块体弯曲倾倒。自然界反倾层状结构岩质边坡的弯曲倾倒变形，往往是上述三种基本变形破坏类型的复合产物。

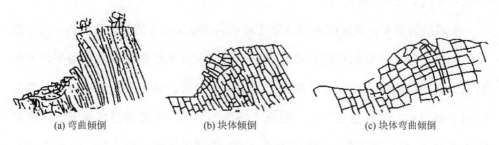

(a) 弯曲倾倒　　　　　　　　　(b) 块体倾倒　　　　　　　　　(c) 块体弯曲倾倒

图 1-2　弯曲倾倒变形破坏的三种基本类型

1.2.5　溃屈破坏

溃屈破坏作为岩质边坡失稳破坏的又一种模式，以往并不为人们所认识，但在自然界中确实大量存在。在长江三峡地区、西南山区会经常见到溃屈破坏，成昆铁路铁西滑坡就属于这种类型。在矿山岩质边坡里也常有这种破坏类型，抚顺露天矿南帮边坡曾发生一次大滑坡，滑动后岩层弯曲变形，就是典型的溃屈破坏。天生桥二级水电站坝趾区内有多处发生溃屈破坏的边坡实例。

国内所见到的厚层岩体发生溃屈破坏的典型实例就是霸王山边坡。该边坡高940m，组成岩体为灯影灰岩，岩层倾角为 40° 左右，岩层厚 15m，下面有一层薄层黏土夹层。组成山体的岩石在长期自重作用下，上部灰岩层沿下部黏土岩层产生蠕变，坡脚处近河床部分产生弯曲，从而导致溃屈破坏。

1986 年发生的鸡扒子滑坡，位于长江北岸云阳县城东 500m 左右处，该滑坡实际上是古滑坡体复活。原来基岩坡破坏的时间距今有几万年，基岩坡破坏就是一种溃屈破坏。组成基岩坡的岩层是勺状弯曲的侏罗系红层。岩层产状下缓上陡，下部层面倾角仅 20° 左右，上部岩层倾角达 40°，边坡总高度为 300m，层间错动极其发育，它对边坡产生蠕动变形起着控制作用，在久雨充水条件下，边坡失稳产生了溃屈破坏。像这类的边坡破坏，在白帝城到万州之间的长江河谷段有几十处之多，其规模都在几千万立方米甚至上亿立方米，如故凌滑坡、范家坪滑坡，滑坡体都达 1 亿 m^3 以上。

实践经验表明，溃屈破坏多发生在坡高为 300m 以上的陡高边坡内，且主要发生在具有板裂结构的顺层岩质边坡中。组成岩体的板条在自重作用下，首先沿某一软弱结构面滑动，同时板条产生弯曲、折断，进而导致溃屈破坏。溃屈后的上部岩体，随溃屈岩层下界面充水条件的不同，可能缓慢蠕变下滑，也可能快速滑动，最后剩下弯折倾倒岩体的残根。溃屈破坏的岩层倾角一般大于 40°。三峡地区产生溃屈破坏的岩层倾角多数在 40°左右。边坡坡脚岩层产状为 20°左右，而上部滑坡推动区岩层倾角为 40°以上的边坡，也有发生溃屈破坏的情况。一般来说，如果没有上部推动力的作用，在岩层倾角小于 25°的地段，不会产生溃屈破坏。

1.3　影响人工岩质边坡稳定性的因素

边坡变形破坏是一个复杂、不可逆、动态的耗散过程，边坡的演变是作用于边坡岩体上的内外应力共同作用的结果。边坡岩体稳定是暂时的、有条件的。边坡总是处于不稳定—稳定—不稳定的循环之中。

边坡岩体的变形破坏取决于边坡岩体中的应力分布和岩体强度特性。如果边坡应力变化的范围在边坡岩体的容许强度之内，那么应力调整不会带来边坡的破坏，否则，将导致边坡的变形破坏。改变或影响边坡岩体应力状态的因素很多，简单来说可分为内部因素与外部因素两种。内部因素包括边坡形态、岩体特性、地应力等；而外部因素包括天然地震、地下水、爆破振动、环境条件及人类活动等。影响边坡稳定最根本的因素为内部因素，它们决定了边坡的变形失稳模式和规模，对边坡稳定性起着控制性作用。外部因素只有通过内部因素才能对边坡起破坏作用，促进边坡变形失稳的发生和发展，但当外部因素变化很大、时效性很强时，往往也会成为边坡失稳的直接诱因。

1.3.1 内部因素的影响

1. 边坡形态

开挖的人工边坡是改变自然地形而出现的新的地形形态，因此，它与地形地貌有着直接的关系。在中、高山区，地形陡峻，自然地质作用强烈，常常出现高边坡；在开阔的河谷盆地，地形则相对平缓，自然地质作用缓慢，对边坡稳定性的影响相对简单。总的来说，容易汇集地面水和地下水的山间缓坡地段，易受水流冲刷和淘蚀的山区河流凹岸地段及下陡、中缓、上陡的地形易导致边坡的失稳。

边坡的地形地貌对地震荷载作用下的边坡响应有很大的影响，主要表现在边坡的角度、高度及边坡的外形方面。

1）坡角的影响

关于边坡坡角对地震的动力响应分析，国内外许多学者都开展了这方面的研究。王恭先和李天池对大地震造成的地震滑坡的专题研究表明，在一般情况下，大多数的滑坡发生在 30°～50°的边坡上，当地下水位埋深小于 6m 时，尤其在 0～4m，地震时会造成孔隙水压力突然增加而引起砂土液化，由此而引起液化滑坡[34]。丁彦慧对炉霍、昭通两个点的地震资料进行统计分析，如图 1-3 所示，发现 20°以下和 50°以上的边坡很少发生滑坡，绝大多数滑坡发生在坡角大于 30°的边坡上，50°～70°的边坡破坏形式以崩塌为主，而 80°～90°的边坡发生崩塌比较少[35]。唐川等认为地震滑坡的形成关键在于是否具备有效临空面，而有效临空面的形成取决于地形坡度与可能演化为滑坡的坡体结构面之间的关系[36]。徐其茂重点分析了滑块体摩擦系数与坡度的关系[37]。

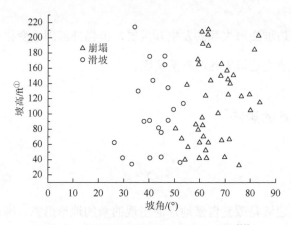

图 1-3　滑坡崩塌与坡高及坡角的关系[38]

以上多位学者的研究表明，边坡坡角的大小对边坡的地震动力响应行为有很大的影响，地震触发滑坡的下限是在烈度 6 度区，边坡失稳的坡角多为 30°～50°，破坏形式以滑动为主，而 50°～70°的边坡破坏形式以崩塌为主。

2）坡高的影响

坡高对边坡在地震动力作用下的影响主要表现为地震动幅度和频谱随地形高度的变化而变化。张倬元等根据卡格尔山山顶和山脚的强余震速度观测记录，发现山顶地震动持续时间显著增长，并且位移、速度、加速度三个量的放大效应不同[39]；王存玉在对二滩水电站的岸坡进行稳定分析时，通过振动实验证明：边坡顶部对振动的反应幅度较边坡底部存在明显的放大现象（垂直向放大），边坡的边缘部位对振动的反应幅度较之内部（处于同一高度的两点比较）也存在放大现象（水平向放大）[40]；何蕴龙和陆述远[41]及祁生文[42]通过大量的数值模拟也证明这一现象，祁生文在其博士学位论文中利用拉格朗日元法，通过大量的数值模拟，对坡高对边坡在地震动力作用下的响应影响进行了深入的研究，不但印证了上述学者发现的一些普遍规律，而且定义了边坡动力响应的高边坡效应和低边坡效应，讨论了边坡效应临界高度的影响因素，从定量的角度给出了各种地形影响的数值范围。

---

① 1ft = 0.3048m。

Kley 和 Lutton[43]编辑了一份很重要的有关开挖边坡的资料,并且由 Poss-brown[44]加以增补,得出了有关露天矿、采石场、坝基和公路路堑的边坡资料。总结出坚硬岩石中的边坡高度和相应的边坡坡角关系,如图 1-4 所示,其中既有稳定的边坡,又有不稳定的边坡。

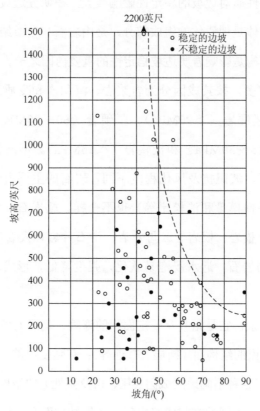

图 1-4　坚硬岩石坡高与坡角之间的关系[45]

3）坡体形状的影响

将边坡的坡形分为直线坡、凸坡和凹坡,震后调查资料表明,直线坡很少发生崩塌和滑坡,凹坡和凸坡则容易发生崩塌和滑坡,而且都是发生在坡度变化点附近,尤以凹坡上发生滑坡的概率最高,这点与边坡在静力作用下的稳定性有很大区别。在静力条件下,凸坡上发生滑坡的概率高于凹坡[39, 42, 46]。关于坡体形状对边坡动力稳定性的影响研究目前还很不成熟，以上结论的依据是特定地区的地震触发滑坡的统计分析，是否为一般规律还有待进一步深入研究。

2. 岩体特性

岩体的结构与性质对边坡的稳定性影响很大，在研究边坡稳定性时是一个不可回避的问题。岩体是地质体的组成部分，是由岩石和地质结构面共同构成的。而岩石的种类和结构是影响岩质边坡稳定性的重要内因之一。

岩石的种类很多，按其成因分为岩浆岩、沉积岩和变质岩；按饱和单轴抗压强度可分为极坚硬岩（>90MPa）、坚硬岩（60~90MPa）、中硬岩（30~60MPa）、软岩（15~30MPa）和极软岩（<15MPa）。不同种类的岩石，其密度、容重、孔隙率、波阻抗及风化程度不同，岩石的主要力学性质（如变形特征、强度特征、弹性模量和泊松比等）也不一样。软岩石，如黏土、页岩、凝灰岩、泥灰岩、千枚岩、板岩、云母片岩、滑石片岩以及含有岩盐或石膏成分等具有层状结构的岩石，遇水浸泡易软化，强度降低，形成弱层，很容易发生滑坡现象。

结构面非常复杂，它是指具有一定面积的连续、延展的破裂或隐伏破裂的地质界面。有不同规模的结构面（断层、节理等）；有强度上差异很大的结构面（硬性的和夹泥的）；有各种不同地质成因（压、扭及张性）的结构面，它们从属于形成时的应力条件，以不同的产状成组出现，各组结构面在发育程度上也有差别。在岩体中，结构面之间以某种关系组合在一起，再与岩石组合，形成了一种特定的结构，即"岩体结构"。岩体的力学性质取决于岩体的结构特征，岩体的破坏模式受控于岩体的结构模式。边坡内部的结构面和岩石的产状、位置、规模及填充物控制了边坡的变形和滑坡的趋势，所以在对边坡进行稳定性研究之前，弄清边坡的结构面和结构体的类型，分析边坡可能发生的破坏模式，有针对性地进行研究才能更为准确地评价边坡的稳定性。

　　岩体结构一般可划分为以下四大基本类型：整体块状结构、层状结构、碎裂结构和散体结构。谷德振[47]在《岩体工程地质力学基础》一书中，对各种岩体结构的岩体地质类型、主要结构体的形式、结构面发育情况和工程地质评价做了详细阐述。研究认为，影响边坡稳定性的岩体结构因素主要是结构面的组数和数量、结构面的倾角和倾向、结构面的连续性及结构面的表面性质等，其中岩体的控制性结构面是决定边坡是否失稳的关键，因此，合理地对岩体结构进行分类，是把握岩质边坡稳定性的基本条件。表 1-2 所示的岩体结构分类标准是水利水电系统在执行国家"八五"科技攻关项目时提出的，已在水利部溢洪道设计规范中采用。这一分类体系沿袭了传统的做法，将边坡岩体结构分为整体块状、层状、碎裂和散体四大类，但是针对边坡的特点，层状岩体又分为层状同向、层状反向和层状斜向三个亚类。这三个亚类所反映的岩质边坡的失稳模式有明显的区别，在层状同向岩体结构中，岩体破坏形式主要表现为滑动；在层状反向岩体结构中则为倾倒；而在层状斜向岩体结构中，则有可能出现楔体滑动破坏。对这几种结构类型岩体的详细描述，见表 1-2。

表 1-2　边坡岩体结构分类标准

序号	岩体结构 类型	岩体结构 亚类	岩石类型	岩体特征	边坡稳定性特征
1	整体块状结构		岩浆岩、中深变质岩、厚层沉积岩	岩体呈块状或厚层状，结构面不发育，间距在 100cm 以上，多为刚性结构面，贯穿性软弱结构面少见，$K_v = 0.4 \sim 1$，RQD>50%	边坡稳定条件好，易形成高陡边坡，失稳形态多沿某一组结构面崩塌或沿复合结构面滑动。滑动稳定性受结构面抗剪强度与岩石抗剪强度控制
2	层状结构	层状同向结构	各种厚度的沉积岩、层状变质岩和复杂多次喷发的火山岩	边坡与层面同向，岩层倾向与边坡倾向基本相同，夹角小于 30°。岩体多呈互层状，结构面发育，软弱夹层和层间错动带常为贯穿性软弱结构面，$K_v = 0.3 \sim 0.7$，RQD = 25%～80%	层面或软弱夹层，形成滑动面，坡脚切断后易产生滑动，倾角较陡时易产生溃屈或倾倒。稳定性受岩层走向夹角大小、坡角与岩层倾角组合关系、顺坡向软弱结构面的发育程度及强度控制
		层状反向结构		岩层倾向与边坡倾向基本相反，其夹角应大于 150°，岩体呈层状或一元结构，结构面发育，$K_v = 0.3 \sim 0.7$，RQD = 25%～80%	岩层较陡时易产生倾倒弯曲松动变形，坡脚有软层时上部易拉裂，局部崩塌滑动。稳定性由坡角与岩层倾角组合、岩层厚度、层间结合能力及反倾结构面发育与否所决定

序号	岩体结构		岩石类型	岩体特征	边坡稳定性特征
	类型	亚类			
2	层状结构	层状斜向结构	各种厚度的沉积岩、层状变质岩和复杂多次喷发的火山岩	层状岩石组成的边坡，岩层倾向与边坡倾向斜交，其夹角为 $30° \sim 150°$，$K_v = 0.3 \sim 0.7$，$RQD = 25\% \sim 80\%$	边坡稳定条件好，不受层面即夹层控制
3	碎裂结构		各种岩石的构造影响带、破碎带、蚀变带或风化破碎岩体	岩体结构面发育，多短小无规则地分布，岩块存在咬合力，$K_v = 0.3 \sim 0.7$，$RQD < 25\%$	边坡稳定性较差，坡角取决于岩块间的镶嵌情况和岩块间的咬合力
4	散体结构		各种岩石的构造破碎带及其强烈影响带、强风化破碎带	由碎屑泥质物夹大小不规则的岩块组成，软弱结构面发育成网，$K_v < 0.1$	边坡稳定性差，坡角取决于岩体的抗剪强度，滑动面呈圆弧状

注：K_v 为岩体完整性系数。

当岩体中存在结构面及其组合构成的对边坡稳定不利的分离块体时，结构面规模控制边坡变形失稳的规模，而结构面性状则控制边坡的稳定程度。由断层、顺层挤压错动面构成的分离块体，尤其是有连续断层泥分布时，稳定性最差，失稳规模最大；由成组节理裂隙构成的分离块体，由于节理裂隙延伸长度短小，组成大规模分离块体时，必定有部分岩桥起抗滑作用，边坡稳定性主要取决于节理裂隙的连通率、张开程度、充填物性状、起伏差及岩桥强度。

随着边坡岩体完整性的提高和卸荷松弛程度的减弱，边坡的稳定性增加。当坡体结构具备"上硬下软"的二元结构特征时，下部软弱夹层易被压缩，并产生蠕变，导致上部岩体（硬岩）拉裂，最终产生滑动或崩塌失稳。

3. 地应力

广义上说的地应力是地震力、地质构造力、岩体自重力、温度应力以及地质岩体内物理化学和地球化学作用等在地球岩体内所产生的应力总称。本书所指的地应力是指地质构造应力和岩体自重应力。

地应力是控制边坡岩体节理裂隙发育及边坡岩体变形破坏的重要因素之一。

边坡内部的地应力主体是岩体自重应力和地质构造应力。坡体中结构面的存在使边坡内部应力场分布变得复杂,在结构面周边会产生应力集中或应力阻滞现象,当应力集中的量值超过岩体的强度时,边坡岩体便会发生破坏[48]。

地质构造形迹的存在,说明地壳曾经受过巨大的地质构造运动的作用。虽然目前对于引起地壳运动的力的来源还不清楚,看法还不一致,但是从地应力实测资料来看,这种应力在引起地壳岩体的变形和破坏之后,经过漫长的地质年代它们还没有消失。事实上,现在的地壳岩体中,仍然或大或小存在着地质构造应力,在某些地区岩体中,这种地质构造应力可以比岩体自重应力大好多倍,其作用方向基本上是水平的。越来越多的工程实践证明,这种应力也是影响岩质边坡稳定性的重要因素之一。

地壳岩体中地质构造应力的分布是不均匀的。当岩质边坡处于强烈的地质构造应力场中时,必须充分考虑其应力的数值大小和作用方向对岩质边坡稳定性的影响。边坡开挖而导致地质构造应力的不均匀释放,可能使边坡岩体向临空面发生回弹变形和膨胀,有可能使原有裂面进一步扩大或产生新的裂面而降低岩体的强度,同时,它在边坡坡脚处的应力集中能够导致此处应力的成倍增加,因此,它对边坡稳定性的影响是严重的。通常根据现场实测结果或有限单元法计算以确定地质构造应力在边坡岩体中的分布规律,从而定量地评价其对边坡稳定性的影响程度。

区域构造应力的方向与边坡方位的相互关系也是十分重要的,在平面上,比较图 1-5(a)和(b)的两种情况就可以明显地看到,尽管应力场的强度相同,但因与边坡空间方位相互关系不同,所以图 1-5(a)的情况要比图 1-5(b)的情况严重一些[45]。

1.3.2　外部因素的影响

1. 天然地震

天然地震作为地质活动的一种表现形式,是诱发边坡失稳的重要因素。例如,

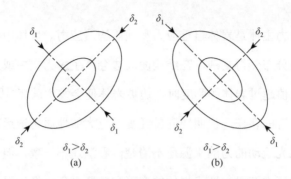

图 1-5　构造应力方向对边坡稳定性的影响

2008 年的 5.12 四川汶川特大地震，造成多处山体和大坝等边坡滑塌，使人民群众的生命和财产安全受到了巨大损失。地震活动的强弱直接关系到边坡的稳定性以及所诱发的滑坡规模、范围。目前一般使用地震烈度来衡量地震发生后地面振动程度和对地面人类的实际影响，地震烈度每提高 1 度，地面最大加速度约提高1 倍。地震不仅可以直接诱发边坡失稳，而且可能造成边坡岩体结构改变，形成特殊的边坡岩体结构。从定性的观点看，可以认为：在断裂破碎带附近，在岩体变化和构造作用复杂、层面倾角较陡、岩体比较松散和破碎、风化严重、地形起伏较大、切割强烈的地区，地震发生时所导致的不安全性将更为突出。在地下水储存比较丰富的地区，由于地震时水位的突变和冲击裂隙水压力效应的影响，地震的破坏作用也比干燥地区严重些。因此，当边坡岩体处于上述不利环境中时，实际地震烈度比规范给定的地震烈度要大些[45]。

2. 地下水

水对边坡岩体稳定性的影响不仅非常大而且是多方面的。大量事实证明，多数边坡的失稳都与水的活动有关。在地区的冰雪解冻和降雨季节，滑坡事故一般较多[49-51]，这足以说明水是影响边坡岩体稳定性的重要因素。岩体中的水往往大部分来自大气降水，因此在低纬底的湿热地带，因大气降水频繁，地下水补给丰富，水对边坡岩体稳定性的影响就要比干旱地区更为严重[52]。

　　水对岩质边坡稳定的影响主要有两个方面：其一，水对软岩、极软岩、软弱夹层及土质类材料的细粒（尤其是黏、粉粒）部分有软化、泥化作用，使岩土体和结构面强度显著降低；其二，产生动水压力和静水压力。由于雨水渗入、河水水位上涨或水库蓄水等种种原因，地下水位上升，孔隙水压力提高，从而降低坡体的抗滑能力，造成边坡变形和破坏。电站运行期水库水位迅速下降，边坡岩土体中的水排出较慢，坡体内会形成较大的静水压力，对边坡稳定不利；地下水从边坡岩土体排出的过程中，会形成动水压力，增加沿地下水渗流方向的滑动力，对边坡稳定不利。

　　首先水对岩体有明显的化学作用，在一定条件下，岩石矿物吸收或失去水分子而发生水化作用或脱水作用，在吸水或脱水过程中都能引起矿物体积的膨胀或收缩，从而导致岩体松散、破碎或其化学成分改变，特别是当水中含有 CO_2 等气体时，水的化学溶解和潜蚀能力将大为加强。水的有关化学作用和气温的物理作用相配合，将互为因果地促使风化作用向深部发展和扩散，使岩体的破坏更为严重，水的化学作用有时还会沿着断裂构造向更深的部位延伸。

　　水对岩体的物理作用是使岩体碎裂，水在结冰时，其体积可增大 10% 左右，进入岩体裂隙中的水冻结后可能对岩体产生很大的膨胀力，这个力能使岩体沿着原有裂隙迅速开裂和分解。对于裂隙中的某些次生充填，松散夹层或黏土质软岩，水的蒸发也往往能使其产生收缩性的干裂而导致不同程度的破坏。

　　总的来看，上述这些作用将不同程度地增加岩体结构面的密度、贯通性、压缩性和透水性，从而导致强度的降低，这对边坡岩体稳定是有重要影响的。

　　地表水和地下水的冲刷作用主要取决于水流的动能：

$$W_E = \frac{1}{2}mv^2 \tag{1-1}$$

式中，m 为水的质量；v 为水的流速。

　　因此，当水的流速 v 达到某一临界值时，将对边坡坡面和坡体内的某一粒径以下的松散物进行搬运，这种作用将破坏边坡坡面形状和岩体稳定性。当坡体内存在松散的软弱夹层时，这种机械潜蚀作用，甚至可使坡脚或坡体内的有关部位形成空洞，从而降低边坡岩体的承载能力，使坡体上部失去支撑而导致崩塌或滑坡事故发生。

此外，水本身是赋存于摩擦面间的润滑介质，颗粒间或裂面间的摩擦系数在一定范围内随湿度的增大而急剧下降。因此，某些大型构造断裂带、软夹层面，应该注意水作为一种存在于软弱面和空隙间的介质对边坡岩体稳定性产生的不良影响。

边坡岩体中地下水的类型主要为裂隙水、溶洞水和孔隙裂隙水，岩体中断裂构造破碎带、各种结构面和有关"缺陷"是地下水储藏的场所，是补给、排泄和径流的通道，它们的规模、性质、产状和空间布形，控制着地下水的赋存状态和运动规律。由于岩体本身具有各向异性、非均匀性和非连续性，因此地下水的赋存状态和运动规律也必然具有各向异性、非均匀性和非连续性的特征。所以严格地说，岩体中的地下水目前仍然很难确切地加以描述。

裂隙水静水压力是地下水对边坡岩体所产生的重要的静力荷载之一。在"比拟水位"以下任一点的压力强度是 $P_i = r_B h_i$，它的作用方向垂直于承压面，裂隙水静水压力值是由水头 h_i 所决定的，所以水头越高，压力就越大，对边坡岩体稳定性的影响也就越严重。在某些情况下，这个力可以使抗滑力降低 20%～40%。

地下水在岩体中流动时的动水压力，其数值基本上等于流经结构面的水主要由于摩擦所造成的水头损失。这个动水压力，在比较松散或破碎的岩体以及较大的断裂构造破碎带中的渗流条件比较优越，所以是有必要考虑的。它与水面坡度有着密切关系，考虑到岩体的接触情况，动水压力公式可用式（1-2）进行估算：

$$W_I = \frac{\varepsilon}{1+\varepsilon} r_w I V_w \qquad (1\text{-}2)$$

式中，ε 为孔隙比；W_I 为动水压力；I 为水力坡度；$\dfrac{\varepsilon}{1+\varepsilon}$ 为单位体积内岩体的孔隙率；V_w 为岩体中渗流部分的体积。

动水压力作用于渗流部分的岩体上，其方向与通过该点的流线的切线方向一致。

总的来说，地下水的某些物理化学方面的破坏作用过程，如溶解、侵蚀、风化等一般是比较缓慢的，因而对边坡岩体长期稳定性影响较大。而地下水静水压力或动水压力的力学作用则迅速得多。以上这些作用导致了岩体变形的增大和强度的降低，进而使岩体内部结构发生演变。岩体的这些变化反过来又影响水在岩体中储藏和活动的条件，使水压力发生较大的变化。由此可知，水和岩体两者之间是相互作用和互为因果的，这样随着时间的推移，作用的长期反复，岩质边坡稳定的程度必然会越来越差。

3. 爆破振动

爆破是岩石开挖的一种常用方法和手段，在某些情况下，爆破是影响岩质边坡稳定性不可忽视的重要因素，对于梯段边坡来说此因素尤为重要。边坡岩体在爆破动力的瞬时冲击作用下，爆破源附近的岩体在瞬时被剧烈地压缩，爆破冲击波向四周传播，致使岩体介质产生变形，因而使边坡岩体受到一个由于质点振动加速度的传播而引起的动载荷的作用，使边坡岩体的剪应力增加。压缩波到达边坡的自由面之后，被压缩的岩体开始向自由面方向扩张和运动，导致了在岩体内部从自由面开始产生的拉伸波，使岩体受到拉力的作用。岩体的抗拉强度远小于其抗压强度，因而造成自由面附近岩体中节理、裂隙的张开、扩散或产生新的裂缝，引起了这一部分岩体抗剪强度的降低。当地下水渗入到开裂的缝中时，不仅增加裂隙水压力，而且还会进一步产生旨在降低岩体或裂面的抗剪强度的种种作用。这时，如果边坡岩体中存在结构松散、含水和粒度均匀的介质充填的断层或软弱夹层，则爆破的振动作用还能使它们液化，此外剪切波还能使岩体结构面发生错动，因此爆破动力对边坡岩体的影响是多方面的。

4. 其他因素

环境条件对边坡稳定的影响也不可忽略，如气象条件的变化，对边坡岩体的风化作用、侵蚀作用等，降水及冰冻灾害的影响等。另外，气候的冷、热和干、湿的长期交替变化，也间接地改变着边坡岩体的性质。

人类活动有时也对边坡的稳定有影响。例如，在坡顶堆放材料或建造建筑物使得坡顶受荷；打桩、车辆行驶等引起的振动影响会改变原有的平衡状态，尤其是周期性振动，以附加的动载荷作用于岩体，加大了下滑力，反复振动还会使岩体原有结构张裂、松弛，出现新的结构面，使岩体变形甚至破坏；在滑体下部抗滑部分切坡，使支撑削弱；滑坡区域内引水灌溉的人工渠道、管道有渗漏和漫流以及长期大量地向滑坡体倾倒生活用水，都可能造成边坡失稳。

第2章 人工岩质边坡爆破振动影响下的稳定性

2.1 背 景

炸药在岩体中爆炸时，形成的冲击波强度随传播距离的增加而减小，波的性质和形状也产生相应的变化。在离爆源3～7倍装药半径的距离内，冲击波强度很大，使岩石破碎或产生塑性变形，其波速、压力、能量迅速衰减。然后，在120～150倍装药半径的距离内，冲击波衰减成不具陡峻波峰的应力波，波阵面上的状态参数变化得比较平缓，波速接近或等于岩石中的声速，可导致岩石的破坏或残余变形，岩石状态变化所需的时间远远小于恢复到静止状态所需的时间。最后，应力波的强度进一步衰减，变为弹性波或地震波，波的传播速度等于岩石中的声速，岩石质点做弹性振动，岩石质点离开静止状态的时间等于它恢复到静止状态的时间[53]。冲击波的传播过程如图2-1所示。

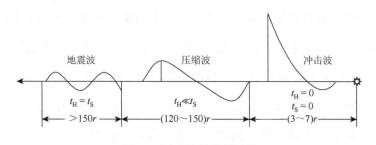

图2-1 冲击波的传播过程

r. 装药半径；t_H. 介质状态变化时间；t_S. 介质状态恢复到静止状态时间

人工岩质边坡在开挖过程中大都使用爆破施工的方法，这就使得人工岩质边坡在开挖成形时已经受到了影响。这种影响是多方面的，首先，爆破致使岩体介质产生变形，因而使边坡岩体受到一个由于质点振动加速度的传播而引起的动载荷的作用，使边坡岩体的剪应力增加。其次，当在岩石中传播的压缩波到达边坡的自由面时，会产生从自由面向岩石内部传播的反射拉伸应力波，岩体受到拉力作用，而岩石的抗拉强度远小于其抗压强度，致使自由面附近岩体中的节理、裂隙张开、扩散或产生新的裂缝，引起这一部分岩体抗剪强度的降低。当水渗入开裂的缝中时，不仅增加裂隙水压力，而且还会进一步产生降低岩体或裂面抗剪强度的种种作用。如果这时边坡岩体中存在结构松散、含水和粒度均匀的介质充填的断层或软弱夹层，那么爆破振动的作用还能使它们液化。此外，剪切波还能使岩体结构面发生错动，直接或间接地使边坡滑坡失稳。虽然爆破产生的龟裂带，其破坏程度和范围难以准确地给出，但它往往是小台阶边坡岩体发生崩塌或滑动的重要原因之一。

边坡开挖成形之后，如果在边坡附近存在其他的爆破作业，那么这些爆破所产生的爆破振动仍可能造成边坡的失稳破坏。爆破地震波对边坡的破坏作用主要表现在：①使边坡围岩中的剪应力增大，使原生结构面、构造结构面、原有的裂纹裂隙扩展和延伸，甚至产生新的爆破裂纹和微裂纹，从而影响边坡的整体稳定性；②使地下水状态发生改变，直接或间接地影响滑移处的阻滑能力，同时振动惯性力也对边坡形成了一个致滑力；③对远区的边坡岩体施加的动载荷，虽然已衰减到不足以直接造成岩石破裂，但对于比岩石强度低得多的节理、层理、裂隙等原有应力破坏区的软弱面而言，则可能引起这些软弱面部分松裂、裂隙扩展延伸，造成岩体"内伤"，形成一定范围的爆破松动区，从而大大降低边坡的承载能力和稳定性。同时，长期反复的爆破对边坡产生的动载荷冲击作用，将使上述破坏效应得到不断的加强和延续，产生近似材料的蠕变或岩石内部的损伤累积，当这种蠕变或损伤积累超过边坡稳定的临界值时，则发生边坡的失稳。

由于边坡坡脚与坡顶高度差的存在，爆破地震波在沿边坡传播过程中将出现高程放大效应。高程放大效应是指爆破引起的质点振动速度随着边坡高度一定范围内的增加而出现的放大现象。爆破振动高程放大效应不仅与边坡岩体的完整性、岩性、坡度、爆破规模等因素有关系，而且还与边坡山体厚薄有关系[54-56]。当岩体完整性较好、坡度较陡而爆破规模相对较大时，在一些边坡某一高度上确实存在振动速度的高程放大效应，但这种放大只局限于一定高度范围内，大多数情况下，爆破振动速度均是随水平爆破中心距及高程增加而衰减的。从实测数据可以看到，高程差值为 25～104m 时，岩石中水平方向的质点加速度增大 1.23～3.04 倍，垂直方向的增大 3.26～3.80 倍。在表土中，水平方向的增大 1.18～1.53 倍，垂直方向的增大 1.32～1.79 倍[57]。另外有研究表明，在受影响区域，当坡度大于 1∶2时，边坡的放大效应才出现，反之，放大效应不存在[58]。

　　总之，爆破振动是边坡失稳的重要影响因素，但其影响规律还有待进行深入而全面的研究。本书正是基于这种背景，对广东省阳江核电站基坑负挖爆破工程项目中已开挖边坡在爆破振动影响下的稳定性进行监测和分析，以期为该领域的研究提供借鉴与思考。

2.2　实验区域岩质边坡地质概况

2.2.1　地形地貌

　　厂址所处的原始地带为邻海的低山丘陵。厂址中部为一 U 形谷地，东北村、沙环村位于谷地的南北两端。沟谷西侧地形起伏，山顶呈浑圆状，最高大澳山，山顶标高为 200.21m，岩石主要由中细粒花岗岩组成，地表坡残积层较薄。东侧山坡较陡，最高尖顶山标高为 193.34m，岩性主要为斑状花岗岩，地表坡残积层较厚。中部沟谷呈北北东向展布，中间有一小河通过，沟谷宽 300～500m。谷中地形平缓，气象站以北为河流冲积形成，地面标高为 1～2m，地表多为冲积粉质黏土、砂层和淤泥质土。厂址区场坪现已完成，地面标高为 8m 左右。

　　根据地貌成因类型划分，两侧山丘属侵蚀-构造地貌，中间谷地属堆积地貌；

根据松散物的堆积成因，又可细分为近代海滩、古代海积砂坝、海陆混合堆积和河流冲积阶地。

2.2.2　区域地质背景

阳江核电站半径 300km 区域范围内，属华南地层区。区域范围内已知最老地层为震旦系。从震旦纪至第四纪各时代的地层发育比较齐全，经历了由地槽→准地台→大陆边缘活动带三个构造阶段发展演变的历史。

震旦纪至志留纪，以发育复陆屑式建造组合和火山硅质建造组合为特征。前者包括类复理石建造、炭质页岩建造和笔石页岩建造；后者包括硅质页岩建造和火山岩建造，均属于地槽型的非稳定性建造系列，总厚度超过 10000m。在震旦系下部夹有海底喷发的基性和酸性火山岩，具有优地槽的某些特点；晚震旦世至志留纪则为一冒地槽。

泥盆纪至中三叠世主要发育稳定性建造系列，包括单陆屑式建造组合和碳酸盐岩建造组合，总厚度约 6000m，属于滨海-海相的准地台区沉积。前者包括单陆屑碎屑岩建造和含煤建造；后者包括碳酸盐岩建造及含磷锰的碳酸盐岩建造和硅质岩建造。

晚三叠世以来的中新生代，经历了几个亚阶段。晚三叠世至早侏罗世，主要发育浅海沙泥岩建造和海陆交互相含煤建造；自中侏罗世至第三纪，大陆大部分主要形成了两种建造组合，即复陆屑式建造组合，包括内陆盆地的陆屑类磨拉石建造、膏盐建造、含煤建造和含油碎屑岩建造，以及火山复陆屑式建造组合。第三纪在南海大陆架上主要为海陆交互相沉积，而在南海诸岛地区则为海相碳酸盐岩建造。第四系的沉积类型发育齐全，南海诸岛区为红藻、珊瑚和有孔虫等组成的礁灰岩；沿海岸带发育海滩岩和滨海沉积；大江江口发育三角洲沉积相；大陆内部则广泛发育河流冲积层和岩溶洞穴堆积，此外，在粤西北还发现了迄今为止我国纬度最南的第四纪冰川遗迹。

2.2.3　地层岩性

厂址区地层和岩性都较为简单，基岩主要由燕山期的侵入岩组成，松散层主要由第四纪的冲积层、海积层、坡积层和残积层组成。

1. 第四系地层

厂址区第四纪地层较为发育，根据成因可划分为残积层、坡积层、冲积层和海积层。

残积层在区内分布广泛，沟谷下部和东侧山坡基本上连续分布，西侧山坡断续分布。斑状花岗岩和中细粒花岗岩风化所形成的残积土，主要为砾质黏性土，花岗斑岩风化形成的残积土主要为砂质黏土。

坡积层主要分布于山坡和坡脚处，东山坡较为发育，西山坡断续分布。主要由粉质黏土和块石组成，坡积块石为棱角状，大小混杂，并充填有黏性土。

冲积层主要分布于沟谷之中，北部出露地表，南部埋藏于海积层之下。主要由粉质黏土、淤泥质土和砂层组成，局部有卵石分布。其特征是土中含有较多的砂，砂层中含有较多的黏性土。层位交错不连续。厚度一般为 4~6m。

海积层主要分布在气象站以南的沟谷浅部，主要由中粗砂层组成，局部有细砂。根据形成时代先后顺序可划分为古代砂坝沉积和近代海滩沉积。前者分布于沙环村以北地带，形成时代相对较早，局部呈半胶结状态。后者为近代沉积，呈松散状态。

除海积砂层外，西侧海边局部分布有海积卵石层，磨圆度较好。

2. 基岩岩性

燕山期的侵入岩整体为花岗岩，根据侵入年代和岩性特征分为三种类型。

（1）斑状花岗岩（$\eta\gamma_5^{2\text{-}3}$）。岩性为中粒斑状黑云母二长花岗岩。岩体较为完整，节理裂隙不太发育，局部有节理密集带存在。岩体抗风化能力较弱，有较厚的风化层存在。主要分布于厂址区东侧山丘，中部沟谷覆盖层之下以及西部山坡地带，为燕山期早期第三阶段侵入岩体。

（2）中细粒花岗岩（$\eta\gamma_5^{3(1)}$）。主体岩性为中细粒黑云母二长花岗岩，混有细粒斑状黑云母二长花岗岩，局部有文象花岗岩。岩体较完整，裂隙不太发育。主要分布于厂址西部山丘地带，为燕山晚期第一阶段侵入岩体。

（3）花岗斑岩（$\eta\gamma_5^{3(2)}$）。岩石具有斑状结构，裂隙较发育，多为闭合节理。主要分布于厂址区东南部和西部近海岸地带，为燕山晚期第二阶段侵入岩体，呈岩脉岩墙形式产出。

2.2.4　地质构造特征

阳江核电站所处区域断裂构造有以下三个特点：

（1）在空间分布上以北北东向至近东西向为特征，一般倾向南东，倾角为50°～85°，多属高角度断裂。长度为30～40m，一般不超过100m。

（2）在形成时间上分早、晚两期。早期为塑性变形，形成于中粒斑状黑云母二长花岗岩中，成生于较深的构造部位，在7km之下。晚期为脆性变形，主要发育于中粒斑状黑云母二长花岗岩、中细粒黑云母二长花岗岩中，个别断裂在花岗斑岩中有轻微表现，成生于较浅的构造部位。

（3）在扭动方向上，早期为顺时针方向滑移，晚期为逆时针方向滑移，两者扭动距离均不大。

厂区内节理发育，其优选方位有两组特别突出。①产状：走向321～340，倾向北东，倾角为70°～85°，具有张扭性特征；②产状：走向81～90，倾向北为主，倾角为70°～80°，具有压扭性特征。

2.2.5　水文地质条件

阳江核电站一期所处的场地为一相对独立的水文地质单元，除与大海有水力联系外，与其他水文地质单元均无水力联系，水文地质条件简单。

核岛建筑地段基岩体由微风化的斑状花岗岩、中细粒花岗岩和花岗斑岩组成，以斑状花岗岩为主，地下水类型为基岩裂隙水，赋存于基岩裂隙中。这些裂隙只在局部范围内连通而构成互不联系的脉状含水系统及其他呈封闭状态的微小水体，现有的地下水主要赋存在表层的填石中，核岛负挖清除该层后，该层地下水将不复存在，只有少量基岩裂隙水分布在场地中。

基岩裂隙水接收大气降水补给，部分蒸发排泄或以下渗的形式向四周排泄，最终排入大海。场坪完成后，相对富水的浅部裂隙被挖除，场坪下仅有少许裂隙水。核电站运行期间，由于场坪硬化，地下水补给源被截断，残存的裂隙水将逐步被排泄完毕。

根据压水实验成果，核岛区三类岩体均为弱透水层，地下水为基岩裂隙水，水量小且不连通，在核岛负挖时，有利于基坑的排水疏干。

2.3　爆破振动监测系统与监测方法

2.3.1　爆破振动监测系统

1. 爆破振动速度监测系统

监测仪器为美国怀特公司生产的 MINI-SEIS 地震仪（图 2-2）。该仪器为目前国际上先进的便携式爆破地震仪，性能好，无须使用交流电，具有一个声通道和三个爆破振动信号通道，爆破结束后数秒就可读出爆破冲击波噪声、三个向量的速度分量及矢量和以及它们的主频率。在测量结束以后还可以把所测信号通过数据接口读入计算机内，在相应软件支持下对信号进行进一步分析处理。主要技术指标如下。

事件记录个数：341 个 3～5s 地震波持续时间的爆破事件；

采样速率：1024 点/s、2048 点/s，本次实验的采样速率选用 1024 点/s；

量程：量程与灵敏度有关，0.00125～10.0in[①]/s。

图 2-2　MINI-SEIS 地震仪

2. 爆破振动加速度监测系统

监测仪器为成都中科动态仪器有限公司研制的 EXP3850-3 爆破振动记录仪和哈尔滨生产的 891-Ⅱ型拾振器（图 2-3）。

EXP3850-3 爆破振动记录仪是专为爆破地震波信号记录存盘分析而设计的低功耗便携式仪器，该仪器可直接与速度、加速度传感器相连，自动记录振动事件及其采集时刻，用其配套软件可读出整个爆破过程的振动信号，并进行分析处理给出测试报告。其技术指标如表 2-1 所示。

---

① 1in = 0.0254m。

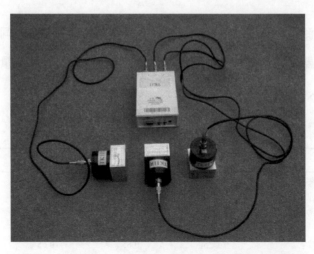

图 2-3　EXP3850-3 爆破振动记录仪及 891-Ⅱ型拾振器

表 2-1　爆破振动记录仪技术指标

名称	技术指标
通道数	3CH/台
采样长度	每通道多段模式 16K 样点，每通道单段模式 128K 样点
最大采样速率	200ksps
A/D 精度	12bit 分辨率
直流精度	误差小于 0.5%
段数	可分八段测量，也可设为一段模式
输入带宽	0～60kHz
量程	±0.4V、±2V、±20V 分 3 档可调
触发方式	内触发上升沿，下降沿触发；触发电平分为 256 级可调
触发延时	负延时 4K、8K、12K 采样点
输入阻抗	1MΩ/20pF
数据输入格式	自定义开放的数据格式，同时支持文本文件输出
软件	配合中文界面软件支持 Win95/98、Win2000/XP 系统
通信接口	标准串行 RS-232 接口
外部尺寸	15cm×11cm×4.5cm
质量	0.8kg
供电	4 节 5 号电池，外接直流电源

国产 891-Ⅱ型拾振器是动圈往复式传感器，有四个档位可供选择。通过档位

选择开关可以测量小速度、中速度或大速度。不同的选择具有不同的量程和灵敏度，由于传感器内部具有微分电路，因此，通过选择开关也可测量加速度。该传感器性能稳定、灵敏度高、频率特性好。其技术指标见表 2-2。

表 2-2　　891-Ⅱ型拾振器技术指标

档位		1	2	3	4
技术指标参量		加速度	中速度	大速度	小速度
灵敏度（V·s/m 或 $\frac{V \cdot s}{m}$）		0.1 或 0.5	7	1	30
阻尼常数		7 或 5	0.65	0.65	0.65
最大量程	位移（mm, p-p）		70	300	15
	速度（m/s, p-p）		1.4	1.8	0.5
	加速度（m/s², p-p）	40			
通频带（Hz, $^{+1}_{-3}$ dB）		0.5～80	1～100	0.5～100	2～100
输出负荷电阻/kΩ		300	300	300	300
与 891 型放大器配接后的分辨率	位移/mm		1×10^{-7}	1×10^{-6}	4×10^{-8}
	速度/(m/s)		1×10^{-7}	1×10^{-6}	4×10^{-8}
	加速度/(m/s²)	1×10^{-5} 或 2×10^{-6}			
尺寸，质量		ϕ60mm×80mm，1kg			

2.3.2　爆破振动监测方法

图 2-4 是此次实验研究的边坡，边坡坡脚标高为 + 8m，共有 5 个台阶，每个台阶高为 10m，在边坡偏左一侧有一条自上而下的天然裂隙存在。分别在边坡 28m 台阶和 48m 台阶上设置了一个测点，测点位于台阶的中央，两测点上下在同一垂直平面内，测点与爆区中心的连线为测量时的东西方向。测点设置如图 2-4 所示。

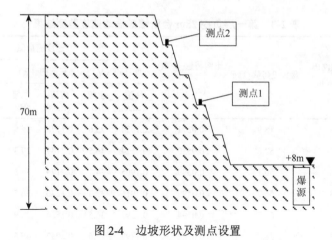

图 2-4　边坡形状及测点设置

2.4　爆破振动速度在岩质边坡的传播研究

此次监测的负挖工程分两层进行,第一层负挖深度为 5.5m(即 + 8m～ + 2.5m),
第二层负挖深度为 4.5m (即 + 2.5m～ − 2.0m),爆破地点距边坡坡脚距离大于
100m,由于每一层负挖时孔深相差不大,所以不考虑孔深对边坡振动的影响。图 2-5
为监测到的某一炮次振动速度时程曲线,从图中可以明显看出,三个方向的振动
速度都有放大,但放大的程度各不相同。为了研究振动速度在边坡传播过程中的
变化规律,作者对所测得的数据进行了详细的分析。表 2-3～表 2-6 为边坡两测点
的振动速度数据(第一层负挖选取了 28 个炮次,第二层负挖选取了 32 个炮次)。

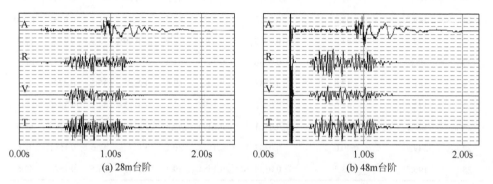

图 2-5　某一炮次边坡不同测点的振动速度时程曲线

核电站建设基坑爆破和挤淤爆破振动效应

表 2-3 第一层负挖 28m 台阶爆破振动速度监测结果

炮次	测点距爆区中心距离 R/m	最大段药量 Q/kg	比例药量($Q^{\frac{1}{2}}/R$) /(kg$^{\frac{1}{2}}$/m)	速度测量值					
				垂直向（V）		东西向（R）		南北向（T）	
				峰值 /(cm/s)	主频 /Hz	峰值 /(cm/s)	主频 /Hz	峰值 /(cm/s)	主频 /Hz
1	160.3	18.9	0.0271	0.1524	25.6	0.1778	36.5	0.2413	51.2
2	137.1	52.8	0.0530	0.1524	46.5	0.2159	39.3	0.1524	46.5
3	177.6	50.1	0.0399	0.1905	34.1	0.3175	36.5	0.2667	46.5
4	150.8	56.7	0.0499	0.1016	39.3	0.1270	36.5	0.1651	102.4
5	206.5	66.2	0.0394	0.1397	36.5	0.1524	26.9	0.1905	39.3
6	129.3	56.7	0.0582	0.1397	25.6	0.2032	46.5	0.3429	102.4
7	138.4	58.0	0.0550	0.2032	25.6	0.3302	32.0	0.2667	32.0
8	193.5	38.8	0.0322	0.1143	34.1	0.1397	36.5	0.1778	36.5
9	220.2	38.8	0.0283	0.0889	30.1	0.1143	36.5	0.0889	46.5
10	135.1	15.5	0.0291	0.2413	39.3	0.2794	56.8	0.3302	34.1
11	116.9	38.8	0.0533	0.2794	47.0	0.3175	47.0	0.3556	32.0
12	125.1	18.0	0.0339	0.1778	36.0	0.3556	57.0	0.3048	51.0
13	220.3	38.8	0.0283	0.1016	34.1	0.0889	42.6	0.1143	46.5
14	134.9	31.2	0.0414	0.1778	39.3	0.3048	73.1	0.2540	39.3
15	223.7	58.0	0.0340	0.1397	26.9	0.1778	39.3	0.1651	30.1
16	153.9	44.7	0.0434	0.1905	42.0	0.2413	41.0	0.2921	43.0
17	125.1	17.1	0.0331	0.1016	28.0	0.1524	25.0	0.1143	23.0
18	142.7	38.8	0.0437	0.1524	26.9	0.1778	30.1	0.1524	34.1
19	132.4	19.0	0.0329	0.0889	42.6	0.1397	39.3	0.1143	170.6
20	188.5	49.9	0.0375	0.1397	42.6	0.2286	46.5	0.1905	73.1
21	149.0	58.2	0.0512	0.3572	42.6	0.3645	51.2	0.6109	128.0
22	170.9	67.2	0.0480	0.2000	26.9	0.4000	32.0	0.4000	85.3
23	88.8	48.0	0.0780	0.3445	51.2	0.5874	46.5	0.8732	102.4
24	181.3	17.8	0.0233	0.2032	42.6	0.2286	36.5	0.2794	30.1
25	172.4	48.0	0.0402	0.1397	51.2	0.3175	34.1	0.3556	128.0
26	138.3	48.0	0.0501	0.1397	42.6	0.2159	64.0	0.1524	64.0
27	249.9	40.0	0.0253	0.1143	30.1	0.1270	42.6	0.1651	42.6
28	196.7	43.2	0.0334	0.1651	39.3	0.1143	36.5	0.1524	42.6

表 2-4　第一层负挖 48m 台阶爆破振动速度监测结果

炮次	测点距爆区中心距离 R/m	最大段药量 Q/kg	比例药量$(Q^{\frac{1}{2}}/R)$ /$(\mathrm{kg}^{\frac{1}{2}}/\mathrm{m})$	速度测量值					
				垂直向（V）		东西向（R）		南北向（T）	
				峰值 /(cm/s)	主频 /Hz	峰值 /(cm/s)	主频 /Hz	峰值 /(cm/s)	主频 /Hz
1	169.5	18.9	0.0256	0.0889	32.0	0.1397	39.3	0.1270	46.5
2	149.1	52.8	0.0487	0.1016	32.0	0.1651	32.0	0.1016	39.3
3	186.8	50.1	0.0379	0.1016	34.1	0.2540	28.4	0.2413	28.4
4	169.1	56.7	0.0445	0.1016	36.5	0.1524	36.5	0.1270	34.1
5	221.7	66.2	0.0367	0.1016	26.9	0.1905	32.0	0.0762	32.0
6	140.3	56.7	0.0537	0.1270	39.3	0.1651	39.3	0.1397	36.5
7	152.7	58.0	0.0499	0.1397	32.0	0.3175	30.1	0.2159	30.1
8	201.3	38.8	0.0309	0.0889	36.5	0.2032	34.1	0.0889	39.3
9	229.7	38.8	0.0271	0.0635	32.0	0.1270	32.0	0.0889	26.9
10	143.5	15.5	0.0274	0.1270	34.1	0.1524	32.0	0.1016	30.1
11	131.6	38.8	0.0473	0.1905	30.5	0.2540	31.0	0.2413	35.0
12	132.6	18.0	0.0320	0.1016	38.0	0.1524	34.0	0.1524	36.0
13	230.1	38.8	0.0271	0.0635	26.9	0.1270	36.5	0.0508	34.1
14	142.9	31.2	0.0391	0.1143	34.1	0.2032	36.5	0.1270	32.0
15	233.3	58.0	0.0326	0.1270	34.1	0.1905	30.1	0.0635	34.1
16	170.4	44.7	0.0392	0.0889	41.0	0.1905	41.0	0.1016	22.0
17	132.6	17.1	0.0312	0.0762	25.0	0.1016	25.0	0.0889	30.0
18	159.6	38.8	0.0390	0.1016	23.2	0.1524	30.1	0.1016	24.3
19	140.6	19.0	0.0310	0.0762	32.0	0.1016	36.5	0.0889	42.6
20	192.7	49.9	0.0367	0.1397	34.1	0.1651	32.0	0.1270	46.5
21	162.6	58.2	0.0469	0.2540	46.5	0.3156	56.8	0.3226	39.3
22	112.4	58.2	0.0679	0.2467	42.6	0.3699	46.5	0.3064	34.1
23	189.4	67.2	0.0433	0.1524	32.0	0.3048	32.0	0.2032	36.5
24	183.3	43.2	0.0359	0.2667	46.5	0.3683	24.3	0.3302	42.6
25	106.2	48.0	0.0652	0.3138	46.5	0.3969	64.0	0.2413	64.0
26	173.3	48.0	0.0400	0.1397	42.6	0.1524	25.6	0.1270	85.3
27	156.0	48.0	0.0444	0.0762	30.1	0.1524	32.0	0.1270	42.6
28	200.0	43.2	0.0329	0.0889	22.2	0.2032	39.3	0.1397	26.9

表 2-5　第二层负挖 28m 台阶爆破振动速度监测结果

炮次	测点距爆区中心距离 R/m	最大段药量 Q/kg	比例药量 $(Q^{\frac{1}{2}}/R)/(\mathrm{kg}^{\frac{1}{2}}/\mathrm{m})$	速度测量值					
				垂直向（V）		东西向（R）		南北向（T）	
				峰值/(cm/s)	主频/Hz	峰值/(cm/s)	主频/Hz	峰值/(cm/s)	主频/Hz
1	94.2	52.7	0.0771	0.2667	46.5	0.3175	46.5	0.4318	128.0
2	111.4	35.1	0.0532	0.2667	46.5	0.4699	51.2	0.3683	64.0
3	115.8	23.4	0.0418	0.1143	25.6	0.1397	42.6	0.2032	170.6
4	161.0	21.6	0.0289	0.1270	32.0	0.1397	42.6	0.1524	64.0
5	147.4	33.8	0.0394	0.1651	85.3	0.3048	46.5	0.3810	102.4
6	223.6	33.8	0.0260	0.1397	26.9	0.1778	30.1	0.1397	46.5
7	179.7	34.2	0.0325	0.1905	36.5	0.2540	56.8	0.3048	102.4
8	220.5	33.8	0.0264	0.1397	26.9	0.1270	30.1	0.1397	34.1
9	140.5	33.8	0.0414	0.1397	39.3	0.2159	51.2	0.1524	51.2
10	186.9	33.8	0.0311	0.0889	42.6	0.1270	42.6	0.1143	51.2
11	212.3	33.8	0.0274	0.0889	42.6	0.0889	46.5	0.0762	64.0
12	149.7	15.9	0.0266	0.1143	36.5	0.1397	39.3	0.1270	42.6
13	189.4	35.1	0.0313	0.1270	36.5	0.2159	39.3	0.1651	64.0
14	200.6	42.0	0.0323	0.1143	39.3	0.1270	46.5	0.1270	39.3
15	206.4	42.0	0.0314	0.1270	32.0	0.1397	64.0	0.1270	56.8
16	161.7	42.0	0.0401	0.1270	39.3	0.1524	56.8	0.1397	56.8
17	194.9	42.0	0.0333	0.1270	34.1	0.1778	42.6	0.2159	46.5
18	195.8	29.7	0.0278	0.1524	30.1	0.1778	34.1	0.1143	56.8
19	172.1	36.0	0.0349	0.1778	46.5	0.2413	51.2	0.2032	51.2
20	119.4	13.0	0.0302	0.2667	42.6	0.2667	36.5	0.3429	56.8
21	184.4	40.5	0.0345	0.0889	39.3	0.1397	36.5	0.1016	51.2
22	126.9	15.9	0.0314	0.3175	36.5	0.3175	39.3	0.3048	51.2
23	176.2	15.8	0.0226	0.1397	39.3	0.2032	34.1	0.1524	36.5
24	139.0	15.4	0.0282	0.0635	56.8	0.0635	56.8	0.0635	102.4
25	159.4	16.0	0.0251	0.0635	46.5	0.0762	73.1	0.0635	42.6
26	163.6	20.0	0.0273	0.0762	102.4	0.0889	73.1	0.0889	102.4
27	211.2	15.9	0.0189	0.1270	32.0	0.1270	34.1	0.1524	42.6
28	245.5	12.0	0.0141	0.0635	46.5	0.0889	42.6	0.0635	85.3
29	202.5	15.4	0.0194	0.0889	39.3	0.1016	42.6	0.1270	39.3
30	212.4	17.6	0.0198	0.0762	42.6	0.1143	51.2	0.1016	51.2
31	182.7	9.6	0.0170	0.1143	51.2	0.1397	42.6	0.1778	56.8
32	133.9	15.9	0.0298	0.1651	36.5	0.2159	42.6	0.1905	42.6

表 2-6　第二层负挖 48m 台阶爆破振动速度监测结果

| 炮次 | 测点距爆区中心距离 R/m | 最大段药量 Q/kg | 比例药量 $(Q^{\frac{1}{2}}/R)$/(kg$^{\frac{1}{2}}$/m) | 速度测量值 | | | | | |
| | | | | 垂直向（V） | | 东西向（R） | | 南北向（T） | |
				峰值/(cm/s)	主频/Hz	峰值/(cm/s)	主频/Hz	峰值/(cm/s)	主频/Hz
1	110.9	52.7	0.0338	0.1905	42.6	0.3221	51.2	0.2794	39.3
2	125.7	35.1	0.0260	0.1778	30.1	0.2159	46.5	0.3556	46.5
3	130.7	23.4	0.0219	0.0762	30.1	0.1524	30.1	0.1016	56.8
4	178.4	21.6	0.0156	0.0635	30.1	0.1397	36.5	0.0931	51.2
5	164.4	33.8	0.0197	0.1397	51.2	0.2413	42.6	0.2413	46.5
6	234.1	33.8	0.0138	0.1143	26.9	0.2286	34.1	0.1143	36.5
7	196.3	34.2	0.0165	0.1270	34.1	0.2540	30.1	0.1778	39.3
8	229.0	33.8	0.0141	0.1016	28.4	0.2286	34.1	0.1270	28.4
9	156.2	33.8	0.0207	0.0889	46.5	0.1270	39.3	0.1778	36.5
10	202.5	33.8	0.0160	0.0889	39.3	0.1016	39.3	0.1143	42.6
11	221.3	33.8	0.0146	0.0762	36.5	0.1143	39.3	0.0635	28.4
12	162.5	15.9	0.0155	0.0635	102.4	0.1524	32.0	0.1397	36.5
13	203.7	35.1	0.0161	0.2159	34.1	0.2032	36.5	0.1397	39.3
14	208.9	42.0	0.0166	0.0889	36.5	0.2286	39.3	0.0635	46.5
15	212.4	42.0	0.0164	0.0762	34.1	0.2032	39.3	0.0889	32.0
16	175.9	42.0	0.0198	0.1016	42.6	0.2159	39.3	0.1397	51.2
17	200.4	42.0	0.0173	0.0889	34.1	0.2286	32.0	0.1397	39.3
18	209.2	29.7	0.0148	0.0889	26.9	0.1905	30.1	0.1270	39.3
19	177.1	36.0	0.0186	0.1270	39.3	0.2667	39.3	0.1270	32.0
20	134.4	13.0	0.0175	0.1905	51.2	0.2159	39.3	0.1778	36.5
21	196.5	40.5	0.0175	0.0635	36.5	0.1524	34.1	0.1086	28.4
22	142.4	15.9	0.0177	0.2159	46.5	0.3175	39.3	0.2413	46.5
23	187.5	15.8	0.0134	0.1143	42.6	0.2413	36.5	0.1651	36.5
24	147.9	15.4	0.0168	0.0381	64.0	0.1726	42.6	0.0508	39.3
25	168.7	16.0	0.0149	0.0381	73.1	0.1726	39.3	0.0508	85.3
26	175.5	20.0	0.0155	0.0508	64.0	0.1726	73.1	0.0381	85.3
27	217.4	15.9	0.0116	0.0889	34.1	0.1155	42.6	0.1143	25.6
28	254.4	12.0	0.0090	0.0508	36.5	0.0889	39.3	0.0762	39.3
29	208.6	15.4	0.0119	0.0635	102.4	0.1248	36.5	0.1016	36.5
30	220.6	17.6	0.0118	0.0889	128.0	0.1778	36.5	0.1270	34.1
31	188.3	9.6	0.0113	0.0762	42.6	0.1155	39.3	0.0508	128.0
32	149.3	15.9	0.0168	0.1524	46.5	0.1651	42.6	0.1778	51.2

观察表 2-3～表 2-6 中的数据，在边坡上速度振幅最大值基本上都出现在水平

方向上，这一点有别于平坦地面的情形。而且随着台阶高度增加，水平方向的振动速度峰值衰减最快，而垂直方向的振动速度峰值衰减较水平方向慢。这说明地震波在垂直方向上传播时，三个方向的地震波速度峰值衰减程度是不一样的，水平方向衰减较快，垂直方向衰减较慢。再比较两个台阶高度上的地震波速度峰值，对于同一比例药量，从图 2-6 可以看出，第一层负挖时 V、R、T 三个方向振动速度在由 28m 台阶向 48m 台阶传播过程中呈现衰减趋势，第二层负挖时 V、R、T 三个方向振动速度在由 28m 台阶向 48m 台阶传播过程中呈现增加趋势。为了进一步研究爆破地震波在岩质边坡的传播规律，将表 2-3～表 2-6 中的数据分类，然后

按照 $V = K\left(\dfrac{Q^{\frac{1}{2}}}{R}\right)^{\alpha}$ 进行回归，得到不同条件下的 K、α 值（表 2-7）。

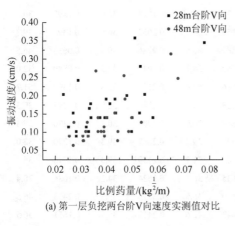

(a) 第一层负挖两台阶V向速度实测值对比

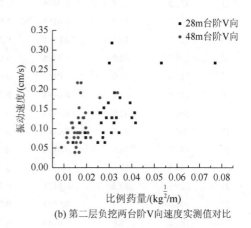

(b) 第二层负挖两台阶V向速度实测值对比

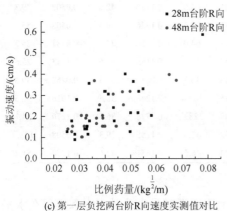

(c) 第一层负挖两台阶R向速度实测值对比

(d) 第二层负挖两台阶R向速度实测值对比

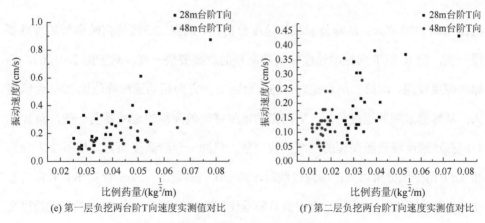

(e) 第一层负挖两台阶T向速度实测值对比　　　(f) 第二层负挖两台阶T向速度实测值对比

图 2-6　边坡实测振动速度与比例药量关系

表 2-7　两个测点在不同方向的速度回归参数

			V	R	T
第一层负挖 （28 个炮次）	28m 边坡	K	8.1524	22.0607	50.2414
		α	1.2083	1.4433	1.7006
		γ	0.8307	0.8340	0.7644
		剔除炮次	6	5	5
	48m 边坡	K	9.9626	6.8236	7.4466
		α	1.3534	1.2009	1.2514
		γ	0.8298	0.7075	0.7138
		剔除炮次	4	4	2
第二层负挖 （32 个炮次）	28m 边坡	K	2.2092	3.4946	7.8646
		α	0.8195	0.8547	1.1315
		γ	0.7528	0.7402	0.7136
		剔除炮次	7	7	4
	48m 边坡	K	3.3565	6.9490	10.9890
		α	0.8569	0.8803	1.0316
		γ	0.7218	0.7451	0.7459
		剔除炮次	8	5	7

注：K、α、γ 分别为场地系数、衰减系数和相关系数。

　　图 2-7 是根据表 2-7 的 K、α 值得到的振动速度计算值与比例药量的关系。对于图 2-7（a），当爆源深度较浅，即第一层负挖时，28m 台阶三个方向振动速度峰

值比 48m 台阶要大；从峰值衰减的速度分析，V 向振动速度峰值随高程的衰减要慢一些，而 R 和 T 向振动速度峰值随高程的衰减要快一些。对于图 2-7（b），当爆源深度较深，即第二层负挖时，48m 台阶三个方向振动速度峰值比 28m 台阶要大；从峰值衰减的速度分析，V 向振动速度峰值随高程的衰减要慢一些，而 R 和 T 向振动速度峰值随高程的衰减要快一些。就同一台阶高度而言，从图 2-7（c）和（d）两个图分析可知：爆源较浅时，同一比例药量下，28m 台阶 R、T 向的振动速度要大于 V 向的振动速度，而且随着比例药量的减小，R、T 向的振动速度衰减速率比 V 向要快得多；尽管 48m 台阶 R、T 向的振动速度略大于 V 向的振动速度，但 V、R、T 三个方向的振动速度随比例药量的衰减速率都相差不大。爆源较深时，同一比例药量下，虽然总体的变化规律与浅源时相同，但值得指出的是，此时 48m 台阶 R、T 向的振动速度明显大于 V 向的振动速度。

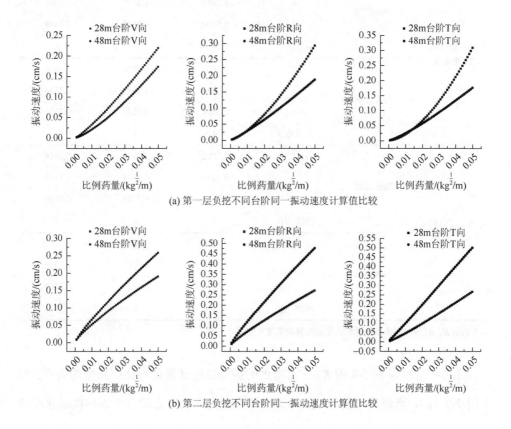

(a) 第一层负挖不同台阶同一振动速度计算值比较

(b) 第二层负挖不同台阶同一振动速度计算值比较

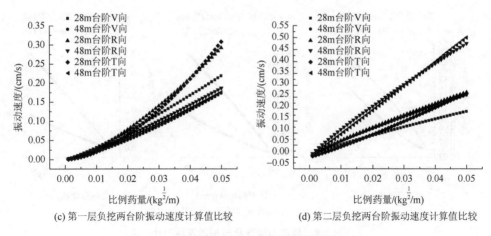

(c) 第一层负挖两台阶振动速度计算值比较　　(d) 第二层负挖两台阶振动速度计算值比较

图 2-7　边坡振动速度计算值与比例药量的关系

图 2-8 是爆源深度变化时 28m 台阶和 48m 台阶振动速度的变化规律曲线。图中的曲线说明了爆源深度对同一台阶高度振动速度的影响规律，通过对比可以发现，水平方向的振动速度高程放大效应要大于垂直方向的高程放大效应，尤其是 R 向更加明显。

以上的分析说明，一般情况下，不论爆源的深度如何，在边坡上水平方向的振动速度总是要大于垂直方向的振动速度。当爆源深度较深时，爆破地震波在边坡上传播时存在高程放大效应，爆源深度增加，高程放大效应趋于明显，且水平方向振动速度的高程放大效应要大于垂直方向的高程放大效应。

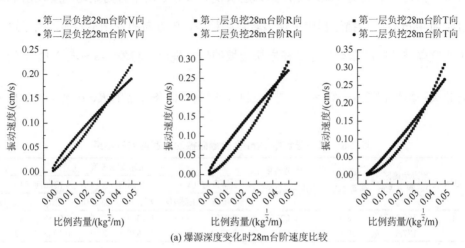

(a) 爆源深度变化时28m台阶速度比较

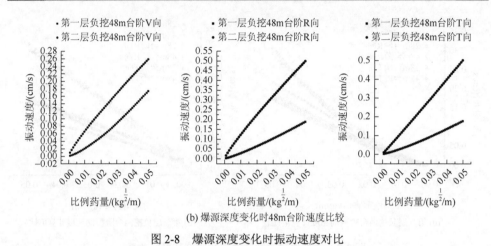

(b) 爆源深度变化时48m台阶速度比较

图 2-8　爆源深度变化时振动速度对比

2.5　爆破振动加速度在岩质边坡的传播研究

分析表 2-8～表 2-11 中的数据，第一层负挖时，边坡上加速度振幅最大值基本上都出现在水平方向（R、T）上，最小值出现在 V 向上；而在第二层负挖时，边坡上加速度振幅最大值基本上都出现在 R 向上，最小值多出现在 T 向上。从加速度随高程的衰减速度来看，不论爆源的深度如何，T 向的衰减速度总是大于其他两个方向。同样比较两个台阶高度上的地震波峰值，对于同一比例药量，从图 2-9 可以看出，第一层负挖时 V、R、T 三个方向振动速度在由 28m 台阶向 48m 台阶传播过程中呈现衰减趋势；第二层负挖时 V、T 两个方向振动速度在由 28m 台阶向 48m 台阶传播过程中呈现显著衰减趋势，R 方向的变化不明显。为了进一步研究爆破地震波振动加速度在岩质边坡的传播规律，将表 2-8～表 2-11 中的数据分类，然后按照 $a = K\left(\dfrac{Q^{\frac{1}{2}}}{R}\right)^{\alpha}$ 进行回归，得到不同条件下的 K、α 值（表 2-12）。

表 2-8　第一层负挖 28m 台阶爆破振动加速度监测结果

炮次	测点距爆区中心距离 R/m	最大段药量 Q/kg	比例药量 $(Q^{\frac{1}{2}}/R)/(\mathrm{kg}^{\frac{1}{2}}/\mathrm{m})$	加速度测量值					
				垂直向（V）		东西向（R）		南北向（T）	
				峰值/g	主频/Hz	峰值/g	主频/Hz	峰值/g	主频/Hz
1	160.3	18.9	0.0271	0.0285	45.2	0.0434	37.8	0.0635	45.4
2	177.6	50.1	0.0399	0.0362	66.2	0.0830	27.6	0.1063	93.0

续表

炮次	测点距爆区中心距离 R/m	最大段药量 Q/kg	比例药量 $(Q^{\frac{1}{2}}/R)/(kg^{\frac{1}{2}}/m)$	加速度测量值					
				垂直向（V）		东西向（R）		南北向（T）	
				峰值/g	主频/Hz	峰值/g	主频/Hz	峰值/g	主频/Hz
3	150.8	56.7	0.0499	0.0270	26.1	0.0455	37.2	0.0514	53.6
4	206.5	66.2	0.0394	0.0339	27.0	0.0423	40.0	0.0680	39.6
5	129.3	56.7	0.0582	0.0463	40.3	0.0560	55.9	0.1483	85.3
6	193.5	38.8	0.0322	0.0306	30.7	0.0399	62.2	0.0552	96.6
7	220.2	38.8	0.0283	0.0205	23.7	0.0492	62.3	0.0381	87.7
8	116.9	38.8	0.0533	0.0593	46.5	0.1173	56.8	0.1142	110.9
9	125.1	18.0	0.0339	0.0711	41.3	0.1357	46.7	0.1470	91.8
10	220.3	38.8	0.0283	0.0173	24.7	0.0471	77.5	0.0494	104.4
11	134.9	31.2	0.0414	0.0508	36.7	0.1357	56.8	0.1470	110.9
12	223.7	58.0	0.0340	0.0273	30.0	0.0752	62.8	0.0529	103.5
13	153.9	44.7	0.0434	0.0538	41.0	0.0873	41.4	0.1055	115.4
14	125.1	17.1	0.0331	0.0288	87.2	0.0606	67.8	0.0541	82.2
15	142.7	38.8	0.0437	0.0290	22.4	0.0459	32.7	0.0539	85.0
16	234.6	38.8	0.0266	0.0195	28.3	0.0410	73.1	0.0327	52.7
17	135.9	22.6	0.0350	0.1127	47.2	0.1574	92.0	0.1796	89.8
18	132.4	19.0	0.0329	0.0203	76.7	0.0416	41.6	0.0301	46.7
19	188.5	49.9	0.0375	0.0339	27.2	0.0597	93.8	0.0766	101.2
20	149.0	58.2	0.0512	0.1179	59.6	0.1513	57.9	0.1628	103.4
21	95.8	58.2	0.0796	0.1260	52.6	0.2000	105.8	0.2000	104.9
22	170.9	67.2	0.0480	0.0789	31.3	0.1000	59.4	0.1000	68.5
23	165.5	43.2	0.0397	0.1104	34.9	0.1000	102.4	0.2000	85.9
24	88.8	48.0	0.0780	0.1433	45.2	0.1739	84.5	0.1618	105.9
25	172.4	48.0	0.0402	0.0510	38.4	0.1131	38.5	0.1411	109.2
26	138.3	48.0	0.0501	0.0353	28.4	0.0992	101.3	0.0768	110.4
27	249.9	40.0	0.0253	0.0254	35.8	0.0573	69.0	0.0885	106.9
28	196.7	43.2	0.0334	0.0322	21.1	0.0386	59.7	0.0703	104.6

表 2-9　第一层负挖 48m 台阶爆破振动加速度监测结果

炮次	测点距爆区中心距离 R/m	最大段药量 Q/kg	比例药量 $(Q^{\frac{1}{2}}/R)/(kg^{\frac{1}{2}}/m)$	加速度测量值					
				垂直向（V）		东西向（R）		南北向（T）	
				峰值/g	主频/Hz	峰值/g	主频/Hz	峰值/g	主频/Hz
1	169.5	18.9	0.0256	0.0193	45.2	0.0392	37.6	0.0300	37.7
2	186.8	50.1	0.0379	0.0288	38.9	0.0555	36.6	0.0360	25.2
3	169.1	56.7	0.0445	0.0226	34.9	0.0287	35.3	0.0213	30.3
4	221.7	66.2	0.0367	0.0217	32.3	0.0364	32.3	0.0233	121.2
5	140.3	56.7	0.0537	0.0380	59.3	0.0425	40.4	0.0289	30.5
6	201.3	38.8	0.0309	0.0246	30.8	0.0442	30.8	0.0208	40.1
7	229.7	38.8	0.0271	0.0160	36.1	0.0279	35.9	0.0184	23.7
8	131.6	38.8	0.0473	0.0527	30.6	0.0696	42.1	0.0642	34.9

续表

炮次	测点距爆区中心距离 R/m	最大段药量 Q/kg	比例药量 $(Q^{\frac{1}{2}}/R)/(kg^{\frac{1}{2}}/m)$	加速度测量值					
				垂直向（V）		东西向（R）		南北向（T）	
				峰值/g	主频/Hz	峰值/g	主频/Hz	峰值/g	主频/Hz
9	132.6	18.0	0.0320	0.0207	27.0	0.0505	30.9	0.0502	31.3
10	230.1	38.8	0.0271	0.0144	33.9	0.0314	36.9	0.0210	133.2
11	142.9	31.2	0.0391	0.0230	30.7	0.0553	41.3	0.0392	74.5
12	233.3	58.0	0.0326	0.0243	30.2	0.0547	30.1	0.0195	135.2
13	170.4	44.7	0.0392	0.0266	41.8	0.0622	41.6	0.0392	30.0
14	132.6	17.1	0.0312	0.0185	86.6	0.0268	66.0	0.0245	80.7
15	159.6	38.8	0.0390	0.0150	26.9	0.0234	91.6	0.0265	31.4
16	243.6	38.8	0.0256	0.0132	28.1	0.0260	34.7	0.0174	58.7
17	143.2	22.6	0.0332	0.0649	35.6	0.1027	35.9	0.1015	37.0
18	140.6	19.0	0.0310	0.0177	13.3	0.0205	13.3	0.0206	13.3
19	192.7	49.9	0.0367	0.0266	36.0	0.0004	83.0	0.0386	160.1
20	162.6	58.2	0.0469	0.0762	59.1	0.1087	57.8	0.1198	59.2
21	112.4	58.2	0.0679	0.0673	47.7	0.0772	53.0	0.0196	58.5
22	189.4	67.2	0.0433	0.0310	31.4	0.0689	31.4	0.0460	31.2
23	183.3	43.2	0.0359	0.0806	49.9	0.0935	50.2	0.1269	69.2
24	106.2	48.0	0.0652	0.0983	65.4	0.1156	39.0	0.0375	39.4
25	173.3	48.0	0.0400	0.0341	38.3	0.0599	38.3	0.0129	29.5
26	156.0	48.0	0.0444	0.0202	25.1	0.0429	34.2	0.0079	204.9
27	258.1	40.0	0.0245	0.0250	35.4	0.0631	35.0	0.0077	17.3
28	200.0	43.2	0.0329	0.0180	21.0	0.0775	41.7	0.0087	104.8

表 2-10　第二层负挖 28m 台阶爆破振动加速度监测结果

炮次	测点距爆区中心距离 R/m	最大段药量 Q/kg	比例药量 $(Q^{\frac{1}{2}}/R)/(kg^{\frac{1}{2}}/m)$	加速度测量值					
				垂直向（V）		东西向（R）		南北向（T）	
				峰值/g	主频/Hz	峰值/g	主频/Hz	峰值/g	主频/Hz
1	94.2	52.7	0.0771	0.0924	51.3	0.1099	59.8	0.1321	55.5
2	115.8	23.4	0.0418	0.0353	27.0	0.0527	36.1	0.0362	48.1
3	161.0	21.6	0.0289	0.0292	31.3	0.0348	38.2	0.0393	59.9
4	127.7	43.2	0.0515	0.0504	40.2	0.1034	54.8	0.0920	90.4
5	223.6	33.8	0.0260	0.0300	24.4	0.0611	68.2	0.0404	34.2
6	220.5	33.8	0.0264	0.0283	28.3	0.0476	65.7	0.0561	35.9
7	122.1	33.8	0.0476	0.0399	64.8	0.0804	98.1	0.1195	97.8
8	140.5	33.8	0.0414	0.0297	37.9	0.0627	37.9	0.0990	92.3
9	186.9	33.8	0.0311	0.0327	68.8	0.0552	45.4	0.0526	61.0

续表

炮次	测点距爆区中心距离 R/m	最大段药量 Q/kg	比例药量 $(Q^{\frac{1}{2}}/R)$/(kg$^{\frac{1}{2}}$/m)	加速度测量值					
				垂直向（V）		东西向（R）		南北向（T）	
				峰值/g	主频/Hz	峰值/g	主频/Hz	峰值/g	主频/Hz
10	212.3	33.8	0.0274	0.0172	35.3	0.0416	52.9	0.0373	115.8
11	149.7	15.9	0.0266	0.0196	32.1	0.0389	42.4	0.0403	42.6
12	145.8	35.1	0.0406	0.0349	43.4	0.0534	39.3	0.0643	84.7
13	189.4	35.1	0.0313	0.0304	29.5	0.0504	36.3	0.0658	99.2
14	200.6	42.0	0.0323	0.0371	48.5	0.0336	121.0	0.0472	103.5
15	206.4	42.0	0.0314	0.0240	26.0	0.0459	57.1	0.0509	103.3
16	161.7	42.0	0.0401	0.0240	32.1	0.0550	46.6	0.0517	41.8
17	194.9	42.0	0.0333	0.0275	34.5	0.0714	105.0	0.0664	108.9
18	195.8	29.7	0.0278	0.0266	30.7	0.0464	40.3	0.0346	45.0
19	172.1	36.0	0.0349	0.0505	37.6	0.0740	46.0	0.0922	44.0
20	184.4	40.5	0.0345	0.0238	29.5	0.0437	37.5	0.0326	107.4
21	131.1	33.6	0.0442	0.0227	156.3	0.0477	65.0	0.0397	90.5
22	159.4	16.0	0.0251	0.0164	44.8	0.0337	44.5	0.0267	101.4
23	163.6	20.0	0.0273	0.0243	107.4	0.0483	84.9	0.0369	76.7
24	211.2	15.9	0.0189	0.0294	22.7	0.0605	81.4	0.0561	85.8
25	245.5	12.0	0.0141	0.0172	121.1	0.0291	38.6	0.0243	38.6
26	202.5	15.4	0.0194	0.0268	46.2	0.0488	44.9	0.0442	108.9
27	185.2	15.9	0.0215	0.0263	40.0	0.0300	39.9	0.0538	40.2
28	135.6	13.2	0.0268	0.0241	40.0	0.0341	40.5	0.0374	40.6
29	186.7	5.7	0.0128	0.0047	179.5	0.0128	60.9	0.0155	43.2
30	188.2	2.0	0.0075	0.0042	195.5	0.0093	55.9	0.0149	140.5
31	135.8	5.7	0.0176	0.0068	36.1	0.0194	48.6	0.0204	48.8
32	179.6	3.8	0.0109	0.0062	50.8	0.0203	64.5	0.0162	45.5

表 2-11　第二层负挖 48m 台阶爆破振动加速度监测结果

炮次	测点距爆区中心距离 R/m	最大段药量 Q/kg	比例药量 $(Q^{\frac{1}{2}}/R)$/(kg$^{\frac{1}{2}}$/m)	加速度测量值					
				垂直向（V）		东西向（R）		南北向（T）	
				峰值/g	主频/Hz	峰值/g	主频/Hz	峰值/g	主频/Hz
1	110.9	52.7	0.0655	0.0510	53.0	0.0658	60.2	0.0257	38.6
2	130.7	23.4	0.0370	0.0214	32.1	0.0350	35.8	0.0078	131.9
3	178.4	21.6	0.0261	0.0298	37.8	0.0166	43.5	0.0080	31.5
4	144.2	43.2	0.0456	0.0346	43.8	0.0386	60.5	0.0144	31.6
5	234.1	33.8	0.0248	0.0236	28.8	0.0552	34.1	0.0093	24.0
6	229.0	33.8	0.0254	0.0239	28.4	0.0642	36.0	0.0068	199.1
7	134.2	33.8	0.0433	0.0215	64.5	0.0537	41.6	0.0122	36.0
8	156.2	33.8	0.0372	0.0206	47.4	0.0347	38.3	0.0112	33.4

续表

炮次	测点距爆区中心距离 R/m	最大段药量 Q/kg	比例药量 $(Q^{\frac{1}{2}}/R)$/(kg$^{\frac{1}{2}}$/m)	加速度测量值					
				垂直向（V）		东西向（R）		南北向（T）	
				峰值/g	主频/Hz	峰值/g	主频/Hz	峰值/g	主频/Hz
9	202.5	33.8	0.0287	0.0235	39.1	0.0324	33.8	0.0093	45.2
10	221.3	33.8	0.0263	0.0163	35.3	0.0282	35.4	0.0048	148.3
11	162.5	15.9	0.0245	0.0123	42.4	0.0392	42.5	0.0112	32.0
12	158.9	35.1	0.0373	0.0207	49.1	0.0474	42.2	0.0124	88.6
13	203.7	35.1	0.0291	0.0363	34.0	0.0587	34.5	0.0126	33.5
14	208.9	42.0	0.0310	0.0204	34.2	0.0660	36.9	0.0069	61.6
15	212.4	42.0	0.0305	0.0203	33.3	0.0577	39.1	0.0098	24.6
16	175.9	42.0	0.0368	0.0232	37.0	0.0586	36.9	0.0100	46.7
17	200.4	42.0	0.0323	0.0183	31.5	0.0535	42.6	0.0133	31.7
18	209.2	29.7	0.0261	0.0202	34.5	0.0327	30.9	0.0124	40.3
19	177.1	36.0	0.0339	0.0327	37.6	0.0704	37.5	0.0141	31.7
20	196.5	40.5	0.0324	0.0149	37.3	0.0387	37.4	0.0083	24.0
21	141.5	33.6	0.0410	0.0139	64.2	0.0266	35.9	0.0055	30.3
22	168.7	16.0	0.0237	0.0098	64.0	0.0200	44.7	0.0038	52.6
23	175.5	20.0	0.0255	0.0094	85.6	0.0245	46.0	0.0037	85.4
24	217.4	15.9	0.0183	0.0164	38.4	0.0646	39.3	0.0116	198.2
25	254.4	12.0	0.0136	0.0084	171.0	0.0254	36.9	0.0069	171.0
26	208.6	15.4	0.0188	0.0139	7.6	0.0508	43.5	0.0085	7.6
27	194.2	15.9	0.0205	0.0181	38.9	0.0389	39.7	0.0154	40.7
28	150.8	13.2	0.0241	0.0123	40.8	0.0402	40.9	0.0153	39.4
29	192.7	5.7	0.0124	0.0058	258.2	0.0116	38.1	0.0055	32.6
30	194.3	2.0	0.0073	0.0029	38.4	0.0095	46.5	0.0049	94.1
31	152.3	5.7	0.0157	0.0066	44.7	0.0095	49.7	0.0120	44.9
32	186.9	3.8	0.0104	0.0036	91.7	0.0099	42.6	0.0062	91.7

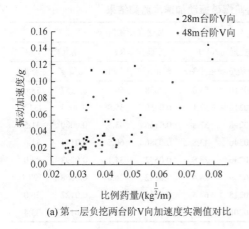

(a) 第一层负挖两台阶V向加速度实测值对比

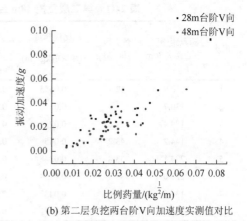

(b) 第二层负挖两台阶V向加速度实测值对比

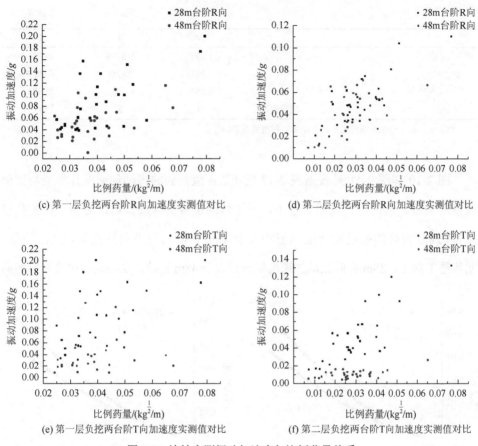

(c) 第一层负挖两台阶R向加速度实测值对比　　(d) 第二层负挖两台阶R向加速度实测值对比

(e) 第一层负挖两台阶T向加速度实测值对比　　(f) 第二层负挖两台阶T向加速度实测值对比

图 2-9　边坡实测振动加速度与比例药量关系

表 2-12　两个测点在不同方向的加速度回归参数

			V	R	T
第一层负挖 （28 个炮次）	28m 边坡	K	5.2866	5.9215	3.6198
		α	1.5058	1.3549	1.1732
		γ	0.7486	0.7927	0.7649
		剔除炮次	1	4	5
	48m 边坡	K	3.8836	3.6701	0.8346
		α	1.5176	1.2955	1.1662
		γ	0.7986	0.7241	0.7057
		剔除炮次	2	6	11
第二层负挖 （32 个炮次）	28m 边坡	K	1.6907	1.3788	1.3414
		α	1.1927	0.9655	0.9507
		γ	0.8538	0.8587	0.8164
		剔除炮次	0	0	0

续表

			V	R	T
第二层负挖 （32 个炮次）	48m 边坡	K	1.2950	0.8706	0.0762
		α	1.2013	0.8759	0.5610
		γ	0.8509	0.7363	0.7422
	剔除炮次		0	3	7

注：K、α、γ 分别为场地系数、衰减系数和相关系数。

图 2-10 和图 2-11 是根据表 2-12 的 K、α 值得到的振动加速度计算值与比例药量的关系。从图中可以明显看出，不论爆源位置的深度如何，对同一比例药量而言，28m 台阶的振动加速度峰值均大于 48m 台阶对应方向的振动加速度峰值，尤其是 T 向上，28m 台阶振动加速度峰值远大于 48m 台阶。从振动加速度峰值随高

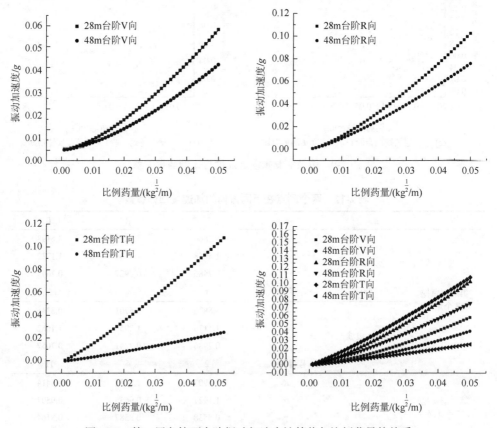

图 2-10　第一层负挖两台阶振动加速度计算值与比例药量的关系

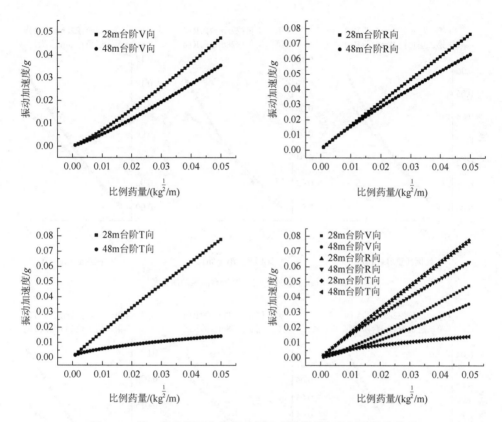

图 2-11　第二层负挖两台阶振动加速度计算值与比例药量的关系

程衰减的速度分析，随着比例药量的减小，T 向的振动加速度峰值衰减速度要比 V 和 R 向快得多，这说明高程对 T 向的加速度影响最大。

图 2-12 是爆源深度变化时 28m 台阶和 48m 台阶振动加速度的变化规律曲线。图中的曲线说明了爆源深度对同一台阶高度振动加速度的影响规律。通过对比可以发现，同一比例药量情况下，爆源位置深度的变化对 28m 台阶 V、R、T 三个方向的振动加速度峰值影响不大；在 48m 台阶，爆源位置深度的变化对 V 和 R 向振动加速度影响不明显，而对 T 向的影响比较显著，尤其当比例药量较大时，爆源深度的变化对 T 向振动加速度的影响非常显著。

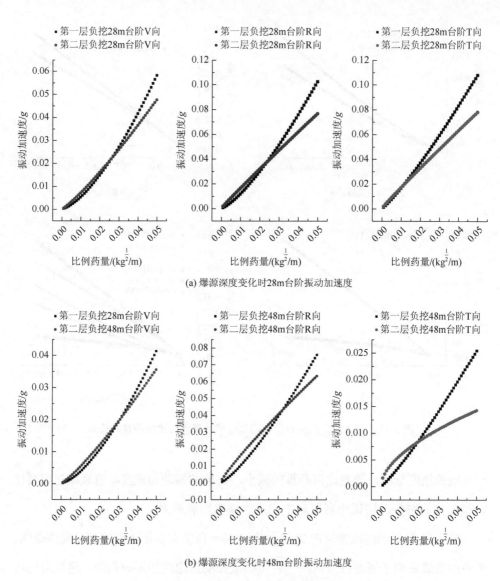

(a) 爆源深度变化时28m台阶振动加速度

(b) 爆源深度变化时48m台阶振动加速度

图 2-12　爆源深度变化时振动加速度的变化规律曲线

2.6　爆破振动对边坡稳定性的影响分析

通过实地监测所得到的大量数据，利用统计分析的方法，得到了爆破地震波沿边坡传播的规律。爆破地震波在边坡上传播时，水平方向的振动速度峰值总是要大于垂直方向的振动速度峰值。当爆源深度较浅时，爆破地震波在边坡上传播过程中没有明显的高程放大效应；当爆源深度较深时，爆破地震波在边坡上传播过程中存在明显的高程放大效应。在一定深度范围内，随着爆源深度的增加，高程放大效应趋于明显，且水平方向振动速度的高程放大效应要大于垂直方向的高程放大效应。爆破振动加速度没有明显的高程放大效应，爆源深度的变化对爆破振动加速度 V、R 向的影响并不明显，但对 T 向的振动加速度影响较大，随着高程的增加，T 向的振动加速度迅速衰减。

爆破振动速度水平方向主要为 Love 波和 Rayleigh 波的水平分量，这两种波携带的能量比较大，尤其是 Rayleigh 波。边坡对爆破振动速度水平方向的高程放大效应，使边坡岩石受到的损伤与破坏程度增加，边坡中原生结构面、构造结构面、原有的裂纹裂隙会加速扩展和延伸，当振动速度被放大到足以拉裂岩石时，就会使岩石中产生新的裂纹，影响边坡的整体稳定性。同时，这种放大效应使原本不会受到影响的岩体受到爆破荷载的作用，扩大了爆破地震波的影响范围，尽管这种影响不足以直接损伤岩石，但是可能会引起岩石软弱面松裂，为爆破振动的累积效应提供了基本条件。当大量的炮次发生后，这些原来细小的损伤将慢慢扩展，最后连为一体，形成新的裂隙和结构面，破坏了边坡原有的整体性和稳定性。如果这些结构面的方向和边坡滑坡的趋势耦合，那么会给边坡的稳定带来决定性影响。因此，在边坡附近进行爆破时，必须考虑爆破地震波在边坡传播的特殊性，适当减小单次起爆药量。

这里提到的爆破振动累积效应，是指在爆破地震波的作用下，土岩介质体与结构体或结构物应力状态或应变状态的动态力学效应，即材料状态的动态叠加，或者是材料破坏状态的动态叠加，其中介质材料的相关力学参数（应力、应变、弹性常数等）是时间的函数，与历史力学过程密切相关，或者是历史力学过程作用结果的综合。Heuze[59]、Орейберг[60]、Otuonye[61]、Prost[62]、Tien 等[63]、Tao 和 Mo[64]通过相关的理论与实验研究，从正面或侧面肯定或证实了爆破振动累积效应的存在。爆破振动的累积效应主要体现在两个方面：①同一爆破地震波中前一时刻的作用结果对后一时刻状态的影响；②历史地震波或所有历史地震波对当前地震波作用结果的影响或累积。

岩体在动载荷作用下的破坏主要由两个性质决定：①岩石中原有裂缝的分布状态。裂缝是岩石的脆弱处所在，它们引起相互作用，并在拉应力作用下使岩石中裂缝发展。②加载速度。在一定加载速度下，岩石材料的特殊区处于拉应力状态[65]。材料在准静力状态下的破坏发生在最大裂缝或处于关键方向的裂缝处，此时这类裂缝是岩石破坏的原因。而在迅速的变形加载速率下（量级为 $10^4 \mathrm{s}^{-1}$），介质材料中的裂缝就会使传播速度受到限制，不能很快减少所施加的拉应力，在这种情况下，通常认为介质材料中随机分布的裂缝参与了动力破坏过程。关于应力波与不连续面相互作用的研究，实验结果证实裂隙引起破坏机理，反射拉应力波产生张裂隙并使裂隙发展，应力波作用能促使裂缝或裂隙网产生[66]。

土岩介质体的爆破振动累积效应体现在介质体强化与弱化效应的力学累积两个方面。土岩介质体在初期爆破地震波作用下，通常因为介质体内的张裂纹的闭合及内部结构面的微调整，有提高介质强度等物理力学参数的趋势，因此，土岩介质体在爆破地震波的反复作用下介质体的物理力学参数体现出一个短期的强度强化和一个中长期由微裂纹的扩展与发生及聚结等内部缺陷的增加与扩大导致的逐渐弱化过程。

强化过程，是指在初期爆破地震波作用下的强化阶段，岩体中存在大量随机分布的如裂隙、节理、层理、断层破碎带等不连续结构面（体），在动力作用下，这些不连续结构面（体）会出现一个重新再调整的过程，例如，在压应力的作用下张裂隙会发生闭合甚至到吻合等类似的压实过程。这种岩体内部结构调整再平衡的过程在一定程度上会相对提高岩体的强度，如岩体的静态弹性模量的提高、刚度的增加等，但这只是初期效应，随着爆破地震波作用时间与频度的增加会最终变为弱化过程。对岩石而言，其中也存在大量的微裂纹，这些微裂纹在初期地震波的作用下有一个压实过程，从而提高了岩石的强度；同理，在数次爆破地震波持续或间断作用下，微裂纹会产生、扩展与集聚形成主裂纹，进而降低了岩石强度。

弱化过程，即破坏作用过程。爆破地震波的累积作用机理，使岩石中的缺陷扩展，同时产生新的缺陷，导致岩体内不连续结构面的恶化。这种弱化过程可以是微裂纹分布密度的增加，闭合的张开，或微裂纹的产生、扩展与集聚形成主裂纹等累积损伤的扩大，也可以是裂纹的贯穿到裂隙的产生与扩展，直到宏观破坏的产生。

对应于爆破振动累积效应的两种表现形式，存在两种机理。一是单一爆破地震波的累积作用机理。在一个爆破地震波中存在累积效应，其表现在爆破地震波的幅值与频率及持续时间与能量的变化上，前期波的作用会对随后的后期波产生明显的影响，主要是通过前期波作用下介质材料的物理力学性质的改变导致后期波传播规律和作用机理的变化。或者说，前一时刻爆破地震波对介质体的作用通过改变介质的物理、力学性质及状态参与后续爆破地震波对介质体的作用。这种累积效应是动态效应，是动力学的集中体现，具有相当大的随机性，很难观测和估算，可从概率统计的角度，通过爆破地震波本身的参数来进行描述和评价。在爆破地震波幅值较大、持续时间很长时，产生的爆破振动累积效应较为明显，相反，在上述参数很小时，其累积效应并不明显。

岩体中原有裂纹的扩展与新裂纹的产生，降低了岩体的刚度与强度，裂纹分布密度的增长取决于岩体在该点的形变[67]。岩体介质由于前期波作用下的物理力学参数出现动态改变，如泊松比 ν_d、动态弹性模量 E_d、动态剪切模量 G_d 与动拉梅常数 λ_d 甚至是局部区域介质的密度 ρ_d 等，它们均是时间与前一时刻该参数的函数。

$$v_d^{t_i} = F_1(v_d^{t_{i-1}}, t) \tag{2-1}$$

$$E_d^{t_i} = F_2(E_d^{t_{i-1}}, t) \tag{2-2}$$

$$G_d^{t_i} = F_3(G_d^{t_{i-1}}, t) \tag{2-3}$$

$$\lambda_d^{t_i} = F_4(\lambda_d^{t_{i-1}}, t) \tag{2-4}$$

$$\rho_d^{t_i} = F_5(\rho_d^{t_{i-1}}, t) \tag{2-5}$$

岩体的弹性模量、泊松比等物理力学参数控制了岩体应力和变形分布，进而影响岩体断裂发生的状况。含不连续节理结构面的脆性岩体的物理力学性质的改变，主要是由节理等不连续结构面发生扩展引起的，而不连续结构面的扩展又随动载荷的增长逐渐发生，因此，岩体的结构状况、物理力学性质和应力应变的分布在动载荷作用下会不断变化，这种变化随着动载荷的增长逐渐加剧。同时，动载荷和岩体结构的不均匀，导致岩体应力分布的不均匀，从而在应力集中以及应力强度因子较高的节理等不连续结构面的尖端或拐角首先发生扩展，并使该处的岩体物理力学性质发生变化，造成岩体应力的重新分布，形成因新的应力集中而导致的其他节理不连续结构面的扩展，使节理等不连续结构面扩展范围不断扩大，最终造成岩体的断裂破坏。

单波累积作用机理的典型效应是，在初期波动态作用下的介质短期局部强化，加上同类波或异类波本身的叠加，会出现波幅值上的逐渐增加，但这种增加非常有限，接着便是后续波的作用弱化阶段，使波幅值逐渐下降，其过程中还包含波本身频谱的变化。介质动态力学参数与介质体中缺陷几何参数的改变，能量的耗散和特征缺陷的滤波作用，导致波某些频率成分的损失，具体体现为频率谱的变化。这里要强调的是如果只是波的叠加与干涉作用，波的幅值会出现渐强或渐弱过程，而不是波形的一致渐强趋势，作者认为这是单波机理累积作用的基本表征。

　　总之，单波机理作用体现在爆破地震波动态效应下的质点振动幅值 A、频率 f、周期 T 与持续时间 t 等的变化上，同一质点不同时刻的运动因局部介质体物理力学参数的动态变化而不断变化。

　　二是多个彼此独立爆破地震波的累积作用机理。它是指多个相互独立的爆破地震波对介质材料和结构体的累积作用机理。其主要表现为介质材料和结构体作用效应的累积，其中也伴随介质材料的物理力学参数的变化。这种机理产生的累积效应可通过介质材料的性质与状态的变化来描述和评价。

　　岩石与岩体中这种本身已存在并随机分布的大小不同的裂纹缺陷、微裂纹，当在爆破地震波作用下的动载荷效应达到其激活的条件时，会发生细观岩石缺陷扩展的阶跃效应，即岩石中的微裂纹被激活，从而产生微裂纹的发生、扩展与成核，分叉裂纹的发生、扩展与成核，形成主裂纹，进而汇聚成裂纹网。再由主裂纹及汇聚成的裂纹网分级形成宏观裂纹，宏观裂纹依然遵循动载荷作用下不同阶段的阶跃原理，产生阶跃效应，在不同大小区域产生不同大小规模的裂纹缺陷系列，并继续在爆破地震波动载荷作用下产生与扩展。在线弹性材料中按照线弹性断裂理论，裂纹发生动态扩展与止裂。在弹塑性材料中则遵循弹塑性断裂与损伤理论，按照小范围屈服准则，裂纹发生动态扩展与止裂。根据小范围屈服理论，边坡在弹性波作用下也会在裂纹的尖端形成一塑性区，产生一定的塑性位移，在进一步地震波作用的动载荷效应下，产生裂隙或裂缝，同时在宏观上，也会引起宏观裂隙等缺陷的产生与扩展。

　　彼此独立的多个爆破地震波的累积作用机理主要体现在记忆效应与阶跃效应上，若在前一爆破地震波作用下产生细观或宏观缺陷，则存在一定的记忆效应。对于应力即产生应力记忆，对于应变则是应变记忆，对于缺陷的几何参数则存在缺陷记忆，这种缺陷记忆包括缺陷几何尺寸的保持与缺陷状态的保持，可统称为状态记忆，在前一动态作用所产生的一记忆状态的基础上发生新的记忆效应与阶跃效应。

总之，多波累积作用机理是按照记忆效应原理，介质材料的破坏效应遵循小范围屈服原理，介质材料的记忆状态不管是在微观还是宏观上均遵循阶跃效应的机制。状态与状态间的动态累积，或发生阶跃变化，或保持原来状态不变。

多波机理所产生的累积效应主要体现在因介质体本身性质的改变而造成质点振动能量存在递减趋势上。固定测点单位爆破振动能随介质体物理力学性质改变而改变，在介质体物理力学性质不变的情况下，理论上应是稳定的，而随着介质体物理力学性质的"劣化"，单位爆破振动能有下降的趋势。同理，如果单位爆破振动能在固定测点在幅值上有所提高，则说明测点所在附近的局部围岩介质体出现了力学性质的局部"强化"。引起围岩介质体物理力学性质改变的因素主要有下列三种形式：①极高拉应力与压应力造成的完整岩石的破裂；②垂直作用于裂隙等不连续结构面（体）的正应力与沿裂隙缺陷等结构面（体）的剪切力使原有裂隙等不连续结构面（体）发生的张开与闭合；③主要针对非坚硬岩体的动应力释放下应力的减小引起的围岩介质体晶体结构的松弛。因此，可用单位爆破振动能随介质体物理力学性质的变化而变化的特性，来评估爆破振动对围岩介质体的影响程度。通过对单位爆破振动能的描述，来分析爆破振动影响下的介质体本身物理力学性质和爆破振动能在围岩体中的分布状况。

第 3 章　人工岩质边坡有限元数值模拟研究

3.1　ANSYS/LS-DYNA 介绍

目前常用的数值计算方法主要为有限单元法、边界单元法、离散单元法等。其中，有限单元法是目前发展最迅速的方法，也是应用最广泛的数值分析法。在岩质边坡稳定性分析中，有限单元法人为地将边坡离散成有限个单元（三角形单元、四边形单元、六面体单元等），这些单元通过边界上有限个点（节点）相连，并把作用于边坡体上的荷载以作用于节点的等效力代替，在这样的基础上来近似地分析边坡的应力和位移分布。

LS-DYNA 程序系列最初于 1976 年在美国 Lawrence Livermore National Laboratory 由 Hallquist 博士主持开发完成，主要目的是为武器设计提供分析工具，后经功能扩充和改进，成为国际著名的非线性动力分析软件，在武器结构设计、内弹道和终点弹道、军用材料研制等方面得到了广泛的应用。1988 年 Hallquist 创建 LSTC 公司，推出 LS-DYNA 程序系列，增加了汽车安全性分析（汽车碰撞、气囊、安全带、假人）、薄板冲压成型过程模拟及流体与固体耦合（ALE 和 Euler 算法）等新功能，使得 LS-DYNA 程序系统在国防和民用领域的应用范围进一步扩大。现在 LS-DYNA 程序已经是功能齐全的几何非线性（大位移、大转动和大应变）、材料非线性（140 多种材料动态模型）和接触非线性（40 多种接触类型）程序。它以 Lagrange 算法为主，兼有 ALE 和 Euler 算法；以显式求解为主，兼有隐式求解功能；以结构分析为主，兼有热分析、流体-结构耦合功能；以非线性动力分析为主，兼有静力分析功能（如动力分析前的预应力计算和薄板冲压成型后的回弹计算）；是军用和民用相结合的通用非线性结构分析有限元程序[68-70]。

3.1.1　LS-DYNA 算法原理

1. LS-DYNA 算法

LS-DYNA 程序具有 Lagrange 算法、Euler 算法和 ALE 算法。Lagrange 算法的单元网格附着在材料上，随着材料的流动而产生单元网格的变形。但是在结构变形过于巨大时，有可能使有限元网格产生严重畸变，引起数值计算的困难，甚至程序终止运算。

ALE 算法和 Euler 算法可以克服单元严重畸变引起的数值计算困难问题，并实现流体-固体耦合的动态分析。ALE 算法先执行一个或几个 Lagrange 时步计算，此时单元网格随材料流动而产生变形，然后执行 ALE 时步计算：①保持变形后的物体边界条件，对内部单元进行重分网格，网格的拓扑关系保持不变，称为 Smooth Step；②将变形网格中的单元变量（密度、能量、应力张量等）和节点速度矢量输运到重分后的新网格中，称为 Advection Step。用户可以选择 ALE 时步的开始和终止时间，以及其频率。Euler 算法则是材料在一个固定的网格中流动，在 LS-DYNA 中只需将有关实体单元标志 Euler 算法，并选择输运（advection）算法。LS-DYNA 还可将 Euler 网格与全 Lagrange 有限元网格方便地耦合，以处理流体与结构在各种复杂载荷条件下的相互作用问题。

2. 控制方程

程序主要算法采用 Lagrange 描述增量算法。取初始时刻的质点坐标 $x_j(j=1,2,3)$。在任意 t 时刻，该质点的坐标为 $x_i(i=1,2,3)$，这个质点的运动方程是

$$x_i = x_i(x_j,t) \tag{3-1}$$

在 $t=0$ 时刻，初始条件为

$$\begin{cases} x_i(x_j,0) = x_j \\ x_i'(x_j,0) = V_i(x_j,0) \end{cases} \tag{3-2}$$

式中，V_i 为初始速度。

动量方程

$$\sigma_{ij} + \rho f_i = \rho \ddot{x}_i \qquad (3-3)$$

式中，σ_{ij} 为柯西应力张量；ρ 为当前密度；f_i 为单位质量体积力矢量；$\ddot{x}_i$ 为加速度矢量。

质量守恒方程

$$\rho V = \rho_0 \qquad (3-4)$$

式中，ρ 为当前质量密度；ρ_0 为初始质量密度；V 为相对体积，$V = |F_{ij}|$ 为变形梯度，$F_{ij} = \dfrac{\partial x_i}{\partial x_j}$。

能量守恒方程

$$\dot{E} = V S_{ij} \varepsilon_{ij} - (p+q)\dot{V} \qquad (3-5)$$

$$S_{ij} = \sigma_{ij} + (p+q)\delta_{ij} \qquad (3-6)$$

$$p = -\frac{1}{3}\sigma_{ij}\delta_{ij} - q = -\frac{1}{3}\sigma_{kk} - q \qquad (3-7)$$

用于状态方程计算和总的能量平衡。式中，$\dot{V}$ 为现时构形体积；S_{ij} 和 p 分别表示偏应力张量和静水压力；ε_{ij} 为应变率张量；q 为体积黏性阻力；δ_{ij} 为 Kronecker 记号。

边界条件

面力边界条件。如图 3-1 所示，在边界 S^1 上，

$$\sigma_{ij} n_j = t_i(t) \qquad (3-8)$$

式中，$n_j (j = 1, 2, 3)$ 为现时构形边界的外法线方向余弦；$t_i (i = 1, 2, 3)$ 为面力荷载。

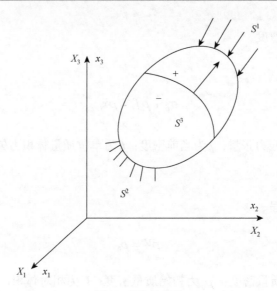

图 3-1　边界条件

位移边界条件。在边界 S^2 上，

$$x_i(X_i,t) = D_i(t) \tag{3-9}$$

式中，$D_i(t)(i = 1, 2, 3)$ 为给定位移函数。

滑动接触面间断跳跃条件。当 $x_i^+ = x_i^-$ 时，沿内部边界 S^3 上有

$$(\sigma_{ij}^+ - \sigma_{ij}^-)n_i = 0 \tag{3-10}$$

伽辽金法弱形式平衡方程如下：

$$\int_V (\rho \ddot{x}_i - \sigma_{ij,j} - \rho f_i)\delta x_i \mathrm{d}v + \int_{s_1}(\sigma_{ij}n_j - t_i)\delta x_i \mathrm{d}s + \int_{s_3}(\sigma_{ij}^+ - \sigma_{ij}^-)n_j \delta x_i \mathrm{d}s = 0 \tag{3-11}$$

式中，V 为现时构形体积；δx_i 在 S^1 上满足位移边界条件。应用散度定理：

$$\int_V (\sigma_{ij}\delta x_i)_{,j}\mathrm{d}v = \int_{s_1}\sigma_{ij}n_j\delta x_i \mathrm{d}s + \int_{s_3}(\sigma_{ij}^+ - \sigma_{ij}^-)n_j\delta x_i \mathrm{d}s \tag{3-12}$$

及

$$(\sigma_{ij}\delta_{x_i})_{,j}\sigma_{ij,j}\delta_{x_i} = \sigma_{ij}\delta_{x_{i,j}}$$

得到伽辽金法弱形式平衡方程的虚功原理变分列式：

$$\delta \pi = \int_V \rho \ddot{x}_i \delta x_i \mathrm{d}v + \int_V \sigma_{ij} \delta x_{i,j} \mathrm{d}v - \int_V \rho f_i \delta x_i \mathrm{d}v - \int_{s_1} t_i \delta x_i \mathrm{d}s = 0 \qquad (3\text{-}13)$$

3.1.2　无反射边界

　　无反射边界（non-reflecting boundary）又称透射边界（transmitting boundary）或无反应边界（silent boundary），主要应用于无限体或半无限体中，为减小研究对象的尺寸而采用的边界条件。连续介质经离散后，必须明确规定有限域的边界条件，即给定已知的或被约束的节点作用力或位移。对于动力问题，如果将边界节点固定来处理人为边界问题，将会使应力波在该边界处反射，如果不能很好地处理这类问题，反射波和入射波的相互叠加将会给求解结果带来较大的误差。如果不采用无反射边界，进行数值模拟时，必须采用相对较大的网络模型，以便延迟波的反射时间，到模型对动态荷载的响应过去为止，计算时间也就相应增加。因此，在建立模型时必须设置无反射边界。

　　对于无反射边界的处理方法，莱斯默设想安置一种有限域的人为阻尼边界，这样隔离出来的区域仍能保持波能量从近区传到远区的辐射特性而不至于能量被人为地聚集在某一限定的有限域内，造成有限域的下边界处反射后折回的应力波再次由下而上传到结构时，干扰结构的实际应力分布。为使人为边界上基本无波的反射，可以考虑在人为边界上施加两个方向的黏性阻尼分布力，再把这种分布的人为阻尼转化为等价的节点集中力。沿边界面人为施加的两个方向的黏性阻尼分布力为

$$\sigma = \rho v_p \dot{\omega} \qquad (3\text{-}14)$$

$$\tau = \rho v_s \dot{u} \qquad (3\text{-}15)$$

式中，σ、τ 分别为作用在人为阻尼边界上的法向应力和切向应力；$\dot{\omega}$、$\dot{u}$ 分别为沿该人为边界的法向和切向速度分量；ρ 为岩土介质的密度；v_p、v_s 为入射的纵波和横波的波速。

3.2　数值计算模型

3.2.1　计算模型

此次研究的边坡，边坡岩石为微风化斑状花岗岩、微风化中细粒花岗岩和微风化花岗斑岩，坚硬且较完整，基本质量等级为Ⅱ级。边坡宽约 260m，高 50m，分 5 个台阶，每个台阶高为 10m，台阶甬道宽 2m，坡角约 75°。爆源距边坡坡脚距离大于 100m，在建模时，为防止地震波在边界反射，将模型三个侧面及底部边界设为无反射边界。模型尺寸为 260m×150m×70m（长×宽×高），坡面各参数同实际参数。网格划分时炸药与炮泥的网格较密，岩石的网格较疏，最终生成的网格如图 3-2 所示。

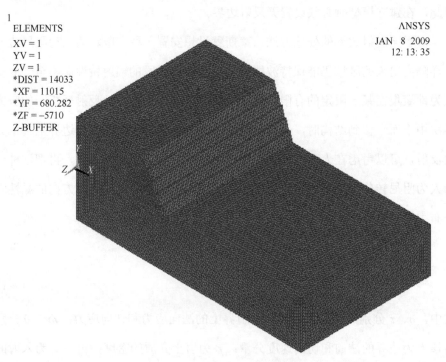

图 3-2　边坡有限元基本模型

3.2.2　参数选择

边坡岩石的基本参数参照以下参数：重力密度为 26.5kN/m³，饱和抗压强度为 137MPa，静泊松比为 0.25，剪切波速为 2518m/s，压缩波速为 4677m/s，静弹性模量为 26000MPa，动弹性模量为 30000～35000MPa，动剪切模量为 11700～13000MPa，动泊松比为 0.31，剪切强度 τ 为 31MPa，φ 为 43°，地基静承载力为 13MPa。

模型中共选择了四种材料模型：炸药选择 LS-DYNA 中自带的高性能材料 MAT_HIGH_EXPLOSIVE_BURN，状态方程采用 JWL 状态方程；空气选择材料 *MAT_NULL，状态方程选择*EOS_LINEAR_POLYNOMIAL 方程；岩石选择材料 *MAT_VISCOELASTIC；炮泥选择材料*MAT_PLASTIC_KINEMATIC。各材料的参数见表 3-1。

表 3-1　材料参数

炸药材料		空气材料		岩石材料		炮泥材料	
参数	数值	参数	数值	参数	数值	参数	数值
密度/(g/cm³)	1.3	密度/(g/cm³)	1.29×10^{-3}	密度/(g/cm³)	2.65	密度/(g/cm³)	1.598
爆速/(cm/μs)	0.45	C_0	0	弹性模量/10^{11}Pa	2.6	弹性模量/10^{11}Pa	0.2
$A/10^{11}$Pa	2.144	C_1	0	泊松比	0.25	泊松比	0.3
$B/10^{11}$Pa	1.82×10^{-3}	C_2	0	屈服应力/10^8Pa	0.009	屈服应力/10^8Pa	0.002
R_1	4.2	C_3	0	剪切模量/10^{11}Pa	0.012	剪切模量/10^{11}Pa	0.003
R_2	0.9	C_4	0.4	衰减系数	0.5	硬化系数	1
$P_{CJ}/10^{11}$Pa	0.1	C_5	0.4				
$E_0/10^{11}$Pa	4.192×10^{-2}	C_6	0				
V_0	1.0	$E_0/10^{11}$Pa	2.5×10^{-6}				
		V_0	1.0				

3.2.3　求解步骤

通过大型有限元程序 ANSYS 的前处理器建立实体模型，划分网格，建立有限元模型。为防止地震波在边界面产生反射，将模型的三个侧面以及底面设置为无反射边界。同时为减小模型的计算量，将设置装药的侧面设定为对称边界。

将所有设定通过 K 文件输出，用记事本打开该 K 文件，然后对文件进行修改：用*SECTION_SOLID_ALE 关键字代替*SECTION_SOLID 关键字，用于四种材料的单元算法定义；添加用于控制 ALE 算法的*CONTROL_ALE 关键字；添加关键字*ALE_MULTI-MATERIAL_GROUP；添加用于控制起爆点的*INITIAL_DETONATION 关键字；用炸药材料模型*MAT_HIGH_EXPLOSIVE_BURN 关键字和状态方程*EOS_JWL 关键字代替原先所假定的炸药材料模型和状态方程。将修改后的 K 文件存盘，在 ANSYS 中调用 LS_DYNA970 求解器求解。最后运行LS-PREPOST 程序进行数据分析。

3.3　模拟结果与现场实测数据比较

第 25 炮次的爆心距（测点与爆区中心之间的距离）为 172m，选择边坡中对应节点 767826 的振动情况进行对比，该节点的振动速度波形见图 3-3。振动加速度波形见图 3-4。

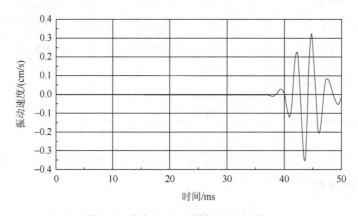

图 3-3　节点 767826 的振动速度波形

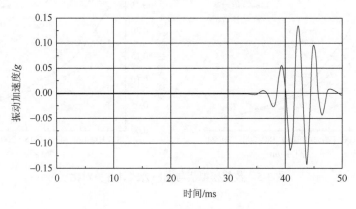

图 3-4　节点 767826 的振动加速度波形

　　经过数值模拟，得出节点 767826 的振动速度峰值为 0.363cm/s，与实测峰值 0.3556cm/s 较接近；该节点的振动加速度峰值为 0.142g，与实测峰值 0.1411g 十分接近。同时将数值模拟在不同距离上的值与回归方程在相对应距离上的计算值进行比较，具体值见表 3-2，并且通过图 3-5 进行对比分析。

表 3-2　第一层负挖时数值模拟值与回归公式计算值

序号	段药量/kg	爆心距/m	28m 台阶速度模拟值/(cm/s)	28m 台阶速度计算值/(cm/s)	28m 台阶加速度模拟值/g	28m 台阶加速度计算值/g
1	48	88.76	0.803	0.657	0.248	0.182
2	48	103.54	0.638	0.506	0.203	0.152
3	48	118.21	0.516	0.404	0.165	0.130
4	48	133.09	0.389	0.330	0.139	0.113
5	48	148.97	0.302	0.272	0.116	0.099
6	48	163.53	0.243	0.232	0.104	0.089
7	48	178.32	0.215	0.201	0.087	0.080
8	48	193.44	0.181	0.175	0.072	0.073
9	48	208.15	0.155	0.154	0.061	0.067
10	48	223.87	0.131	0.136	0.055	0.061
11	48	237.92	0.114	0.123	0.047	0.057
12	48	254.03	0.997	0.110	0.041	0.053

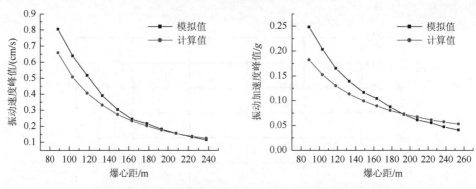

图 3-5　数值模拟值与回归公式计算值对比

通过图 3-5 的对比可以发现，爆破振动速度与加速度均随着爆心距的增加而逐渐衰减，当爆心距分布在 160～220m 时，爆破振动速度与加速度的计算值与模拟值非常接近，其他范围内的值也比较接近。

3.4　爆破地震波沿边坡传播的规律研究

数值模拟能够在整体上反映爆破地震波的传播规律，而且能够克服现场实测数据不足的缺陷，弥补实测数据分析的片面性，因此考虑利用数值模拟方法对地震波沿边坡向上传播过程中速度与加速度的变化规律进行研究。先前对实测数据的分析已经得出在第二层负挖时，边坡上两个台阶的爆破振动速度存在高程放大效应，所以下面对第二层负挖时爆破地震波速度与加速度在 R 向沿边坡向上传播的情况进行研究。考虑到实际的比例药量基本处于区间（0.02, 0.05），因此在做数值模拟时，选取段药量为 48kg。为方便对比，在边坡模型的一个剖面上，取表 3-3 中所述的 8 个具有代表性的虚拟测点，并把这些测点的模拟值分别通过 ANSYS/LS-DYNA 程序提取出来，列于表 3-3 中。表中各节点的位置如图 3-6 所示。

表 3-3　第二层负挖时同一炮次各台阶 R 向数值模拟值（48kg）

序号	节点位置	距爆源的水平距离/m	速度模拟值/(cm/s)	加速度模拟值/g
1	坡脚Ⅰ	150.00	0.3367	0.0622
2	坡脚Ⅱ	159.50	0.2714	0.0546

续表

序号	节点位置	距爆源的水平距离/m	速度模拟值/(cm/s)	加速度模拟值/g
3	台阶 I	163.68	0.3063	0.0653
4	台阶 II	168.36	0.3455	0.0591
5	台阶 III	173.04	0.3746	0.0584
6	台阶 IV	177.72	0.3969	0.0569
7	坡顶 I	182.00	0.4012	0.0535
8	坡顶 II	192.00	0.3268	0.0467

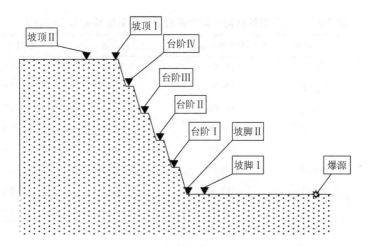

图 3-6 第二层负挖时爆破振动 R 向各节点位置

观察图 3-6 和表 3-3 中的数据可以发现，在坡脚 I→坡脚 II 过程中，爆破振动速度与加速度均呈衰减趋势；爆破地震波由坡脚 II 向台阶 I 传播过程中，振动速度与加速度都出现幅值的突跃，也就是存在高程放大现象。在随后的台阶 I→坡顶 I 虚拟测点中，爆破振动速度持续上升，但上升的幅度逐渐减小，到达坡顶 I 后，振动速度幅值开始快速衰减；而爆破振动加速度则呈现由台阶 I 开始逐渐下降的趋势，仔细观察不难发现，台阶 I→台阶 IV 的爆破振动加速度都比坡脚 II 处要大，说明对坡脚而言，在台阶 I→台阶 IV 上仍然存在高程放大效应。综合速度与加速度的传播规律，发现高程放大效应应该只在一定的边坡高度范围内存在，当超出这个高度范围后，由于爆心距的增加，振动速度与加速度开始衰减。也就是说，在较低高程内，爆心距与放大效应对爆破振动幅值的影响是放大效应占优，当超出这个高程后，由爆心距引起的衰减效应占优。而爆破振动速度与加速度的不同曲线，反映出爆破振动速度放大效应的高程应大于爆破振动加速度放大效应的高程。

T 向的情况与 R 向非常相近，表 3-4 列出了第二层负挖时同一炮次各台阶 T 向数值模拟值。

表 3-4　第二层负挖时同一炮次各台阶 T 向数值模拟值（48kg）

序号	节点位置	距爆源的水平距离/m	速度模拟值/(cm/s)	加速度模拟值/g
1	坡脚Ⅰ	150.00	0.3452	0.0684
2	坡脚Ⅱ	159.50	0.2908	0.0571
3	台阶Ⅰ	163.68	0.3177	0.0627
4	台阶Ⅱ	168.36	0.3543	0.0605
5	台阶Ⅲ	173.04	0.3819	0.0583
6	台阶Ⅳ	177.72	0.4025	0.0550
7	坡顶Ⅰ	182.00	0.4181	0.0529
8	坡顶Ⅱ	192.00	0.3464	0.0422

同理可得到第二层负挖时 V 向振动速度与加速度的数值模拟值（表 3-5）。振动加速度传播规律与 R 向规律相似，爆破振动速度与 R 向有所区别。台阶Ⅱ→坡顶Ⅰ，爆破振动速度呈衰减趋势，但较坡脚Ⅱ处而言，台阶Ⅰ→台阶Ⅳ均存在高程放大效应。

表 3-5　第二层负挖时同一炮次各台阶 V 向数值模拟值（48kg）

序号	节点位置	距爆源的水平距离/m	速度模拟值/(cm/s)	加速度模拟值/g
1	坡脚Ⅰ	150.00	0.2367	0.0399
2	坡脚Ⅱ	159.50	0.1193	0.0338
3	台阶Ⅰ	163.68	0.1534	0.0375
4	台阶Ⅱ	168.36	0.1658	0.0384

续表

序号	节点位置	距爆源的水平距离/m	速度模拟值/(cm/s)	加速度模拟值/g
5	台阶Ⅲ	173.04	0.1506	0.0346
6	台阶Ⅳ	177.72	0.1375	0.0287
7	坡顶Ⅰ	182.00	0.1142	0.0212
8	坡顶Ⅱ	192.00	0.0613	0.0143

3.5　高程放大效应对边坡稳定性的影响

边坡岩体的破坏，是应力作用的结果。岩质边坡中的爆破动应力，主要表现为爆破振动在边坡中引起的附加应力。振动产生的附加应力的大小不仅与振动强度有关，而且与岩体的物理力学参数有关。研究资料表明，爆破振动所引起的动应力表达式为[71]

$$\sigma = \rho c v \qquad (3\text{-}16)$$

式中，ρ 为岩体的密度，kg/m^3；c 为纵波传播速度，m/s；v 为质点振动速度，m/s；σ 为质点振动引起的应力，N/m^2。

若将纵波在各向同性的无限岩体中的传播速度 $c = \sqrt{(\lambda + 2G)/\rho}$ 代入式（3-16）中可得

$$\sigma = v\sqrt{\frac{\rho E(1-\mu)}{(1+\mu)(1-2\mu)}} \qquad (3\text{-}17)$$

式中，E、μ 为岩体的弹性模量和泊松比。从式（3-17）可明显看出，爆破振动产生的附加应力 σ 大小与质点的振动速度成正比，这正是目前用质点振动速度作为临界破坏判据的原因。但是，爆破振动产生的附加应力是一个动态荷载，加载速率对岩石的抗拉强度、抗拉弹性模量有较大的影响，其经验公式为

$$\sigma_P = \sigma_{P(v=1)}[0.12(\lg v_H + 1)] \qquad (3\text{-}18)$$

$$E_P = -E_{P(v=1)}[0.02(\lg v_H)^2 + 0.15\lg v_H + 1] \qquad (3\text{-}19)$$

式中，$\sigma_{P(v=1)}$、$E_{P(v=1)}$ 分别为加荷速率为 $1\text{kg}/(\text{cm}^2/\text{s})$ 时的抗拉强度与抗拉弹性模量。

从式（3-17）～式（3-19）可以看出，爆破振动产生的附加应力与振动速度有关，而岩石的抗拉强度、抗拉弹性模量与振动加速度有关。爆破振动速度影响附加应力的大小，爆破振动加速度影响岩石本身的强度特征。由 3.3 节中数值模拟得到的爆破振动的高程放大效应可知，爆破地震波在沿边坡向上传播的过程中，爆破振动速度与加速度峰值在一定高程范围内被放大，这就会相应地引起附加应力的增加，以及岩石抗拉强度与抗拉弹性模量的变化。经过计算可知，高程放大效应的存在，使得边坡在一定高度上受到的附加破坏应力要大于其下部受到的附加应力；同时，尽管其岩石的抗拉强度也相应增加，但比较两者增加的幅度，附加应力的放大效应明显优于抗拉强度增加幅度。因为高程放大效应只在一定范围内存在，因而对于较高边坡而言，一般边坡中部的岩石容易被损伤破坏，形成滑坡；对于高度不大的边坡而言，边坡的上部岩石易受到破坏形成滑坡。爆破地震波在边坡中特殊的传播特性，是造成边坡岩体破坏的重要原因，也是爆破导致边坡失稳的重要诱发因素。

3.6　岩石内部损伤对边坡稳定性的影响

由于岩石形成过程的特殊性，岩石存在初始损伤，这种初始损伤特征对岩石损伤演化规律以及损伤破坏影响很大。初始损伤的细观特征随着岩石性质不同而存在差异，这种差异主要取决于两个方面，一是岩石的组构特征，二是成岩过程及其后的构造运动历史。岩石损伤演化的细观特征非常复杂，不仅与岩石类型的起始扩展裂纹的形态与分布有关，还与岩石的组构特征、初始损伤、颗粒分布等众多因素有关。岩石在压缩载荷条件下损伤演化的细观机制，是损伤演化发生在初始损伤的基础上，通过"加载—应力集中—裂纹扩展—应力调整—…"循环过程实现的。与起裂机制不尽相同，岩石损伤演化的细观机制除拉张作用机制外还有压缩与剪切机制。

在脆性岩石从初始损伤演化发展到最终的断裂破坏过程中，会形成贯通性主裂纹和分叉裂纹。主裂纹的形成不仅对岩石的断裂破坏起决定性作用，而且影响其贯通以后岩石的剪切位移。实验结果表明，岩石试件在单轴压缩条件下所形成的细观主裂纹，总的趋势是与远场压应力方向趋于平行或成小角度夹角，细观主裂纹贯通以后，均明显有沿主裂纹的剪切位移发生，形成与剪切机制相关的分叉裂纹，说明在单轴压缩载荷作用下在岩石起始扩展裂纹形成初期起决定作用的是拉张机制，但在岩石损伤破坏的整个过程中同时存在一定的压缩与剪切机制。岩石组构的不均匀性导致起始扩展裂纹（或新裂纹）的进一步演化发展受岩石的初始损伤、颗粒等因素的诱导、限制和制约，主裂纹的局部方向和形态随机，远比其总体方向复杂。

分叉裂纹的形成也是岩石细观损伤过程的重要部分，因能量原理的制约而使分叉裂纹的扩展受到主裂纹的限制。主裂纹通常在分叉裂纹的基础上形成。分叉裂纹的形态、分布及发育程度都是岩石初始损伤及其演化的反映。分叉裂纹的发育特征主要受岩石初始损伤和组构均匀性的影响，由于致密均匀和初始损伤不太显著，大理岩分叉裂纹极其发育，而且分布随机、方向各异。而初始损伤明显的花岗岩，由于其结晶颗粒强度较高，颗粒间连接相对薄弱，使得主裂纹形成过程中较少有分叉裂纹产生。红砂岩的分叉裂纹也很少，延伸短，通常不与主裂纹相连，而是零星分布于基质中。石灰岩中的分叉裂纹比较发育，数量不多，但延伸较长，多从主裂纹处分叉，形态上表现为尖灭状。

初始损伤及颗粒是岩石损伤演化的主要影响因素。

初始损伤对岩石损伤演化的影响主要体现在：①在压缩载荷作用下，岩石中的初始损伤周围将形成显著的局部应力集中，因而通常起始扩展裂纹多在初始损伤附近产生，并形成岩石的损伤局部性；②原始孔隙、空洞的生长、增大以及原始裂纹端部的延伸、扩展是岩石损伤演化初期的主要形式；③初始损伤依靠其相应的扩展裂纹彼此跟踪、搭接、相连与贯通是岩石损伤进一步演化的重要方式；

④主裂纹扩展过程中其前沿的初始损伤由于其特有的能量耗散和应力集中消散与调整作用，常改变主裂纹的方向或限制其进一步扩展，并在某些条件下形成错综复杂的分叉裂纹。在这个意义上，该类初始损伤对于释放试件中集聚的应变能、减弱岩石损伤的局部性和缓解岩石的断裂破坏是有积极意义的。

颗粒对岩石损伤演化的影响主要是：①颗粒界面作为一种初始损伤以主裂纹的形成与损伤演化的扩展所做的贡献，包括颗粒附近起始扩展裂纹的产生、界面裂纹的延伸与增长以及界面裂纹的连接等；②颗粒界面与界面裂纹对扩展裂纹（包括主裂纹与分叉裂纹）的诱导与牵连作用，以及颗粒本身的限制作用；③颗粒界面作为一种"能量屏障"（energy barrier）使得扩展裂纹常常终止于此，只有当更多的能量提供给试件时才可能产生新的裂纹或新的扩展裂纹；④颗粒与其他初始损伤、试件边界联合作用，使破坏性贯通主裂纹的方向发生根本性变化[72]。

在边坡附近实施爆破作业，爆破地震波传播到边坡时，使边坡岩石内部应力状态发生改变，这种改变有时会使边坡内部应力状态趋于平衡，但长时间的爆破作业，会使这种平衡受到破坏，从而引起岩石的损伤。除拉应力外，剪切应力的存在也是使边坡岩石原有裂缝扩张、发展、延伸，以及产生新生裂纹的重要因素。图3-7是距坡脚160m，模拟第二层负挖时边坡剪切应力的分布云图，模拟时假设在边坡上部存在一条与边坡倾斜方向相反的细微节理。

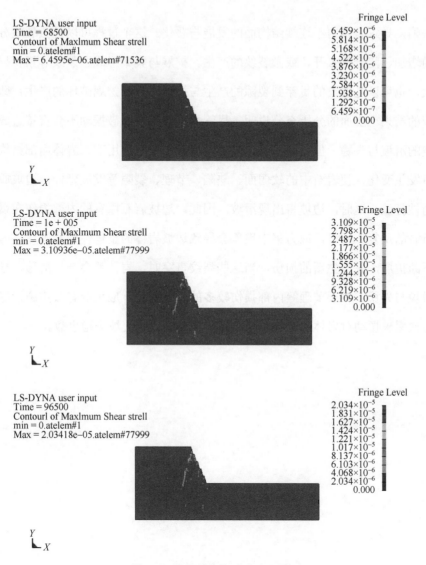

图 3-7　边坡剪切应力分布云图

从图 3-7 可以看到，在边坡岩体内部原有裂隙和边坡的台阶附近的剪切应力分布比较集中，当应力大于该处岩石的强度时，将造成该处岩石的破坏，使边坡外层岩石发生剥落现象，破坏了边坡的稳定性。同时，剪切应力在岩石原有的损伤处集中，导致内部裂隙进一步扩展、延伸，并可能在原有裂隙周围产生新的裂纹。在多次爆破振动荷载的作用下，边坡岩石中原有缺陷不断扩展，同时产生新的缺陷，导致岩体内不连续结构面的发展与恶化。这个过程可以是微裂纹分布密度的增加、闭合的张开，或微裂纹的产生、扩展与集聚形成主裂纹等累积损伤的扩大，也可以是裂纹的贯穿到裂隙的产生与扩展，直到宏观破坏的产生，即累积效应的结果。上面的分析充分说明，尽管每次较小的爆破振动不会直接造成岩石边坡的滑坡与失稳，但是在多次爆破振动荷载的反复作用下，岩体内部结构与应力将发生变化，使岩石中的软弱面、缺陷、节理、裂隙等发展延伸，边坡原有的平衡被打破，这时，边坡将出现滑坡。因此，边坡岩石原有的内部损伤在爆破振动荷载的反复作用下，应力集中现象会导致边坡岩体的整体性受到破坏，内部损伤不断扩展，并产生新的损伤，当这些裂纹贯穿时，岩体就会产生滑移，导致边坡滑坡与失稳。对于节理等内部损伤较多的岩质边坡，应采取有效措施，尽量减小每次爆破振动对岩体的影响，预防爆破振动导致的边坡失稳事故。

第2篇　挤淤爆破振动传播规律及
对周边建筑物的影响

经过数十年的发展，爆破技术得到了不断的完善，它所涉及的应用领域也在不断扩展。例如，江苏省 1985 年修建的连云港西大堤，长为 6700m，现场的水深为 3～3.5m，淤泥厚度为 7m 左右，施工单位在选择施工方法时遇到了难题，若采用直接填石筑堤方法，堤身稳定性达不到要求；若采用清淤法，工程量极大，成本大幅提高，最后，经中国科学院力学研究所、连云港建港指挥部等多家单位组织专家组联合攻关，提出了一种叫"爆炸排淤填石法"的软基处理方法。

排淤填石的工序主要有抛石、堤头爆破、堤侧爆破、理坡等[73]，经爆破挤淤后形成的海堤稳定性较高。"爆炸排淤填石法"作为一种软基处理方法，于 1987 年通过了国家交通部及中国科学院的联合鉴定，并得到了高度的评价。

然而，爆破施工周围的环境复杂、相关理论还不够成熟、一次起爆规模太大等因素造成的一些爆破危害，特别是爆破振动对爆区周围民房及建筑物造成的危害还存在普遍性、复杂性，很容易引起民事纠纷，因此，为了合理控制爆破振动危害，避免不必要的民事纠纷，减少经济损失，有必要对爆破振动效应进行深入研究。

炸药在介质中爆炸后产生强大的冲击波，随着距离的增加，冲击波转变为弹性波，即爆破地震波，它对爆区附近的建筑物影响非常复杂。研究表明，建筑结构对爆破振动的响应有力效应和应变效应两方面[74]，力效应主要表现为结构直接受地震波作用的拉压力，应力波与结构基础发生碰撞，从而进入结构对其作用；应变效应则是爆破振动先传入结构基础，经基础再传递到整个结构，使结构产生变形的响应。因此，爆破振动对建筑物的影响除了与爆破振动大小有关，还与地震波对结构的入射方向、传播介质特性、地震波持续时间以及建筑物自身频率特性等密切相关。

所以，为了研究爆破地震波对建筑物的影响，除了要对测点处质点振动速度、持续时间及振动频率等参数进行分析，还要考虑建筑结构自身的频率响应特性以及传播介质特性的影响。爆破施工时，在爆区周围及建筑物附近设测点，可以测量测点处质点振动速度峰值、加速度峰值、振动主频等参量。通过对数据的分析，结合爆破参数可以找出爆破地震波的传播及衰减规律，再反馈给施工方，以便施工单位根据数据实时调整爆破参数，这样能够最大限度地减少爆破产生的危害，不仅具有极大的工程实践意义，同时具有很高的学术价值。但是爆破振动问题涉及的学科领域很广，且爆区环境复杂多变，起爆方式多种多样，因此关于爆破振动危害效应的研究一直受工程界及学术界广泛关注。当前已有很多学者对爆破振动产生的影响进行了分析，但研究对象大多是普通岩石爆破以及常见的结构拆除爆破等，对挤淤爆破振动的影响研究很少，中国铁道科学研究院的余海忠博士曾在其博士学位论文[75]《抛石爆破挤淤筑堤的机理及检测方法研究》中对爆破挤淤机理进行了深入的研究，但对挤淤爆破振动影响方面提及很少，目前尚且没有学者对挤淤爆破振动的传播规律及其对建筑物的影响等方面进行过系统的研究。作者认为，挤淤爆破以其爆破参数设计、地震波传播的复杂介质等特殊性而不同于普通岩石爆破，它们的地震波传播规律不同，建筑结构对其地震波的响应特性也不同。本书试图通过对挤淤爆破振动监测数据进行分析，找出其地震波的传播规律。另外，通过对信号的 HHT 分析来得出挤淤爆破地震波对建筑物的影响特点，同时将其传播规律及对建筑物的影响与普通岩石爆破进行对比，以期对挤淤爆破振动有一个比较全面的认识。

第4章 挤淤爆破地震波的传播规律研究

4.1 挤淤爆破技术的研究现状

早在 20 世纪 50 年代，美国人就使用了爆破方法对海堤的堤脚进行压实处理，当时这一新的软基压实处理方法被称为 "toe-shooting method"。国内首次运用爆炸法处理软基的工程实例当属 1985 年的江苏省连云港西大堤工程，获得了很好的效果，随后便将这一方法命名为 "爆炸排淤填石法"。该方法的原理是在抛石堤外侧一定深度的淤泥中埋放炸药，利用炸药爆炸瞬间的巨大能量排开周围淤泥，形成空腔，附近的抛石体由于重力作用迅速滑入空腔，实现泥石置换的效果，这样经多次循环爆破，最终达到稳定堤身的目的。挤淤爆破的原理示意图如图 4-1 所示。

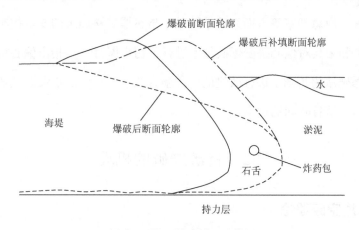

图 4-1 挤淤爆破原理示意图

目前地基处理方法很多，常用的就多达 48 种，挤淤爆破置换法作为其中的一种，与常规方法相比，它无须昂贵的施工机械以及复杂的施工技术，无须消耗太多人力，既能节省时间又能节约资源，且能够适应各种复杂的施工环境，因此它的应用范围越来越广。

随着挤淤爆破技术的推广应用，学者对该技术进行了大量的研究，取得了丰硕的成果。20 世纪 90 年代，Zheng 等[76]对爆破挤淤法做了系统的研究，指出了使用该技术需要满足的条件。余海忠在其博士学位论文《抛石爆破挤淤筑堤的机理及检测方法研究》中，根据极限平衡理论推出了静态抛石挤淤的厚度计算公式，采用数值分析方法，模拟了复杂情况下静态抛石挤淤的过程，他还介绍了多种检测爆破施工质量的方法，对比了它们的优缺点。王田等对大进尺爆破挤淤筑堤施工方法进行了相关探讨[77]，他以长兴岛西防波堤工程为背景，采用体积平衡法和钻探法对挤淤爆破效果进行了检测，验证了大进尺挤淤爆破技术在工程实例中的成功应用。徐学勇等研究了特殊地形条件下的挤淤爆破振动效应[78]，得出挤淤爆破产生的地震波主振频率较低的结论，说明复杂的传播介质对地震波起到了很大的抑制作用，同时指出测点处获得的地震波高频成分衰减很快。王克勤和王相国对挤淤爆破施工中的安全控制问题做了研究[79]，从工艺分析、危险源辨识、监控要点及措施、应急预案等方面系统地总结了挤淤爆破法施工的安全控制措施。另外，王卫东和宋兵对偏心挤淤爆破技术进行了初步探讨[80]，指出偏心挤淤爆破法是在挤淤爆破法的基础上进行改进的一种新方法，与传统的挤淤爆破法相比，具有节约成本、节省时间的优点。

4.2　挤淤爆破的机理

4.2.1　爆炸空腔理论

郑哲敏和杨振声[81]在 1993 年阐述了爆破排淤填石法的机理：当一定量的装药在堤前淤泥内爆炸时，会在周围淤泥中产生冲击波并向四周传播，同时，爆炸气体在淤泥内膨胀并做功，从而形成一定大小的空腔，即形成爆坑，随之压力迅速降低。在爆炸载荷的作用下，堆石体前沿的压力大幅提高，与爆坑之间形成压力差和重力位势差，在压力差和重力位势差的作用下，其孔隙中的水和淤泥就会运动，形成泥石流，并带着石块等进入空腔和爆坑内。与此同时，爆坑另一侧的水和淤泥也在同样载荷的作用下，向爆坑中流动，并在某一时刻与石舌相撞，石舌的运动因此受阻，直至停止运动，这就是爆炸空腔理论。

许多学者随后做了很多相关的研究来证实爆炸空腔理论。许连坡采用模型实验研究了石舌的产生机理和变化规律[82]。张翠兵等利用离散元法对爆炸排淤石舌形成过程进行了数值模拟[83]。乔继延等利用示踪实验和数值计算得出结论[84]，爆破排淤填石法可以分为两个阶段：第一阶段是在起爆后，炸药的爆轰产物作用在周围介质上，使其向四周运动，导致爆炸空腔（即爆坑）的形成；第二阶段是在爆轰产物压力因反射卸载而下降时，堆石体就会因自身的重力而下沉，把其下方的淤泥挤向爆炸空腔的方向，同时堆石体也向自身的前方塌落，这就达到了泥石置换的效果。对于早期的挤淤爆破工程而言，用爆炸空腔理论来解释还是比较合理的，它也是目前最常用的一种理论。

4.2.2　爆炸挤压理论

在随后的很多工程实践中发现，对爆炸排淤填石法应用条件的相关要求并不是绝对的，这让人们重新思考了挤淤爆破的机理。金利军指出[85]：爆炸置换法就是在炸药爆炸时产生的巨大能量作用下，挤走地基基础中的软土，再借助炸药爆炸时产生的附加荷载和堆石体的自重将堆石体沉入软土中，从而形成满足设计要求的抛石断面结构，称为爆炸挤压理论，其主要特点如下：

（1）预处理的软土基础自身物理力学性质十分重要，这也是爆炸处理软土基础成功与否的内在关键因素。

（2）高度和平面尺寸等抛填参数也相当重要，必须将抛填参数和爆破设计参数结合起来考虑，才能使堤身的施工质量得到更加全面、准确的控制。

（3）爆炸挤压理论认为工后沉降量、抛填自沉量及爆炸促沉量构成了堤心石的总置换深度，其中爆炸促沉量是多次爆炸挤压叠加的结果，其叠加的次数可根据实践来定，其影响范围为 30～50m。

（4）爆炸置换的过程主要有三道工序：可控制爆炸深度的堤头爆、可控制爆炸断面形状的堤侧爆以及可加强堤脚安全稳定性的爆夯。只有综合考虑三者，才能全面控制施工质量。

（5）抛石作业一般采用的是陆抛，但也可以在特殊条件下采用水抛的方式，这样爆炸置换过程的各道工序可不受覆盖水域的限制，从而可以提高施工的效率。

4.2.3　定向滑移理论

张翠兵[86]认为：在装药爆炸产生的冲击波和振动的作用下，考虑瞬时情况，淤泥内部可近似视为不排水状态，这种反复的强扰动导致抛石堤下方及四周淤泥的结构被破坏，使其丧失强度，短期内很难恢复，这就为定向滑移、实现泥石置换创造了条件。相关研究表明，当对较厚层的淤泥采用挤淤爆破时，单次爆破处理过程是以下四种效应的综合作用：爆炸石舌效应、定向滑移效应、爆炸振陷效应、抛石堤自身密实效应，这种理论称为定向滑移理论。

需要指出的是，根据《爆破安全规程》中的说明，技术界普遍认同的抛石挤淤爆破理论为：装药在淤泥中引爆，形成了爆炸空腔，与此同时，在爆炸压力、爆炸振动及抛石体自身重力的共同作用下，堤头抛石体形成石舌，并滑向爆炸空腔，从而实现了抛石置换淤泥的目的。单次爆炸时所形成的爆炸空腔大小是决定抛填进尺的关键因素，该过程满足几何相似律。

装药量公式为

$$\sqrt[3]{Q} = H_B \sqrt[3]{1.5} \left(0.53 + 0.47 \frac{R}{H_B} \right) \qquad （4\text{-}1）$$

式中，Q 为药量大小，kg；R 表示爆坑半径，m；H_B 指装药埋深，m。

根据此理论，抛石挤淤爆破技术的条件有：

（1）陆上抛填石料，达到一定高度后再进行相关的爆炸处理；

（2）药包群要埋在软土中，且距抛石体有一定的距离；

（3）施工时要求有 0.4～0.6 的软基土层厚度的水深覆盖在软土层之上；

（4）当抛石体向前方塌落时，排开软土，一次就形成泥下石舌；

（5）预处理的软土层最好距堤身 4～12m。

但是大量的挤淤爆破工程实例表明，挤淤爆破技术的应用条件远远超过《爆破安全规程》中提出的条件，在深厚淤泥中的实际炸药用量也远小于按上述理论计算的药量，这些问题都无法用现行的抛石挤淤爆破机理来解释。实际挤淤爆破工程中，设计人员高度依赖经验及相似工程的案例进行爆破设计。

近期，中国铁道科学研究院研究员余海忠[87]在总结前人研究的基础上，采用极限平衡分析法和有限元数值模拟等方法，从淤泥强扰动的角度将抛石挤淤爆破的机理描述成：抛石挤淤平衡后，在堤身前方的淤泥中进行装药爆破，抛石体前方淤泥的强度会在爆炸作用下降低，于是就打破了抛石体和淤泥间的平衡，接着抛石体便会产生塑性滑移和下沉，直到形成新的平衡关系；经过多次推进爆破，引起抛石体的进一步塑性滑移和下沉，挤掉更多的淤泥，最终形成达到稳定性要求的海堤。

总的来说，淤泥强扰动效应反映了抛石挤淤爆破的主要机理，但由于抛石挤淤过程的复杂性，并不能排除其他方面效应的存在，如空腔置换效应、爆炸挤压效应、振陷压实效应等，作者认为，抛石挤淤爆破的效果是多种效应综合叠加的结果。

4.3　挤淤爆破施工及布药工艺

4.3.1　布药工艺

　　虽然经过了二十多年的发展和研究，挤淤爆破技术基本操作工序的变化却不是很大，如图 4-2 所示[88]。

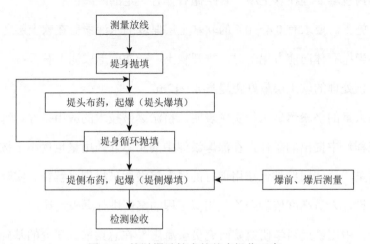

图 4-2　挤淤爆破技术的基本操作工序

　　挤淤爆破技术的发展主要体现在布药工艺的改进方面。早期作业时，主要是在水上布药，方法有导爆索扩孔法、人工直埋法、机械成孔法，之后又有了水冲加压式装药器、旋转装药器、套管水冲装药法和振动式装药器，它们都有一个明显的优点就是在布药作业时对陆上抛石不会产生影响。但其缺点也很明显，受风浪、水位、水流等影响比较大。例如，当风浪较大时，虽然陆上抛石还可以继续，但船上的布药操作就很难进行，这样就不能同步进行抛石和软基处理，从而影响工程进度；另一个缺点就是当淤泥面较高、水深较浅时，允许船舶作业的时间会很短，或者淤泥面上根本无水时，水上布药机具就无法进行布药。鉴于以上情况，在以后的作业中，主要采用陆上布药法。目前比较常用的陆上布药法主要有以下两种。

1）压入式布药法

压入式布药方法的布药机主要由挖掘机改装而成，如图 4-3 所示。

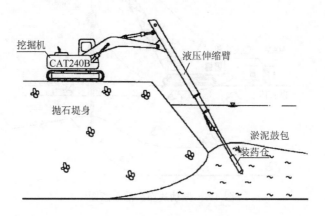

图 4-3　压入式布药法示意图

由图 4-3 可以看出，挖掘机的料斗被换成了一个夹持机构，用其夹住送药器。送药器的结构很简单，由 1 根连杆和装药仓（直径一般为 35cm）组成，底部再加设一个自动开门装置。压入式布药机的具体操作步骤是：将挖掘机停于指定位置，人工将药包装入送药器，并通过连杆将送药器伸入淤泥中，再向装药仓施加一定的压力，将其压至设计的深度后，提起送药器，其底部阀门自动脱开，炸药便被留在淤泥中，完成一个装药过程，此后可以进行循环作业。使用此工艺埋设一个单药包，约用时 3min，具有效率高、成本小等优点。

2）振动式布药法

压入式布药法虽然简单，且效率也很高，但它受臂长的限制很大，对于淤泥厚度深或有砂层的情况很难作业，此时通常采用振动式布药法。振动式布药机的结构包括：1 台吊车、1 台发电机组、1 台设有振冲器的布药器以及 1 根钢套管，如图 4-4 所示。图 4-5 为连云港田湾核电扩建机组一明取水堤挤淤爆破施工布药现场。

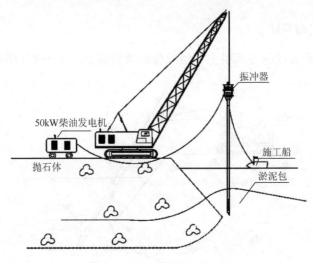

图 4-4　振动式布药法示意图

图 4-5　连云港田湾核电扩建机组一明取水堤挤淤爆破施工布药现场

振动式布药机的操作步骤为：将吊车停到指定位置后，吊起布药器到设计孔口的位置，套管底口要用 C20 混凝土封堵住。放下布药器，在其自重和振动的作用下，套管会很快下沉。当淤泥面上没有水时，人员可以站在淤泥上或站在淤泥面上的木板上投放药包；当有水时，可以使用小船来投放药包，另外，人员也可以在陆上，使用滑轮装置来投放药包。放好药包后，提起套管，就可以进入下一循环了。使用振动式布药法时，每个药孔可装放多个药包，且作业时不受水深和风浪等因素的影响，相比压入式布药法，此法成本比较高。

4.3.2 装药及抛填参数的选择

由于挤淤爆破的作用机理与普通岩石爆破大不相同，所以挤淤爆破技术不仅在布药工艺方面与岩石爆破存在差异，在装药参数的确定上也有自身的特点。

1）装药量的确定

根据《爆破安全规程》，可计算出线装药量 q_L、一次爆破挤淤填石装药量 Q_1 和单孔装药量 q_1。对于线装药量有

$$q_L = q_0 \times L_H \times H_{mw} \tag{4-2}$$

式中，q_0 为挤淤爆破填石单耗；L_H 为一次性推进的水平距离；H_{mw} 为置换淤泥的厚度与水深之和。q_0 的取值一般会受淤泥的力学指标、淤泥的深度、填石的重量及水深等因素影响，范围为 $0.6 \sim 1.0 \text{kg/m}^3$。

装药量的计算公式是根据爆炸空腔理论推导的，在遇到深厚淤泥时，其计算的装药量会偏大，并不符合实际。在很多工程实践中，一般通过现场实验来最终确定装药量。

张建华教授于 2003 年在《水下淤泥质软地基爆炸定向滑移处理法》中提出了计算药量的改进公式[89]：

$$q = (0.2 \sim 0.6) L_H \cdot H_m \tag{4-3}$$

式中，q 指装药量，kg/m；L_H 表示单循环进尺量，一般为 $4 \sim 7\text{m}$；H_m 代表淤泥深度，m。

一次起爆药量 Q（kg）：

$$Q = 0.8\sim1.2 B \cdot q \qquad\qquad (4\text{-}4)$$

式中，B 为堤头处的宽度，m。

2）确定药包埋深

长期的实践证明，药包埋深（H_B）对抛石挤淤爆破的效果影响很大。根据《爆破安全规程》的推荐，当水深为 2~4m 时，一般可取 $H_B = 0.45 H_m$；水深小于 2m 时，取 $H_B = 0.50 H_m$；水深大于 4m 时，取 $H_B = 0.55 H_m$。

张建华教授于 2003 年在《水下淤泥质软地基爆炸定向滑移处理法》中提出了另一种药包埋深计算公式：$H_B = (0.2\!:\!0.45)H_m$，实际工程爆破中，药包埋深因地而宜，在某些深厚淤泥工程中，取 $H_B = (0.3\!:\!0.4)H_m$ 较为合适。

3）布药位置及间距

如图 4-6 和图 4-7 所示，为了达到最佳挤淤爆破效果，药包一般布置在距离抛石堤前沿 1~2m 位置处，而药包间距一般取 2~3m。

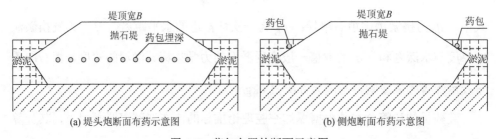

(a) 堤头炮断面布药示意图　　　　　　　　　(b) 侧炮断面布药示意图

图 4-6　药包布置的断面示意图

4）设计爆破网络

如图 4-8 所示，挤淤爆破的起爆网络包括：电雷管、主导爆索、支导爆索、药包等，并且在单个药包内不设雷管，由起爆头激发能量经导爆索起爆药包。

5）确定抛填进尺

抛填进尺一般由现场实验情况确定，不宜过大，一般可取 5m 左右。对深厚淤泥，应适当减小。

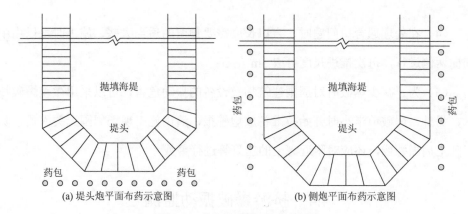

(a) 堤头炮平面布药示意图　　　　　　　(b) 侧炮平面布药示意图

图 4-7　药包布置的平面示意图

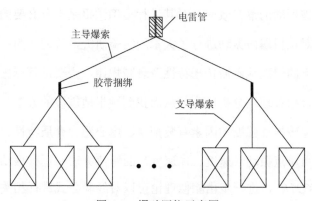

图 4-8　爆破网络示意图

4.3.3　相关技术经验的总结

在利用爆破技术处理软基时，学者从大量挤淤爆破工程中不断总结，得出了一些宝贵经验。

（1）抛石填堤所用的石料应满足一定的规格要求，例如，使用重度大、遇水不易崩解的石料，并且石料中还应该有一些较大尺寸的石块；

（2）施工过程中，应连续进行堤头作业，当停止作业超过 24h 以上时，再次复工前应对堤头进行复爆作业；

（3）针对沉降后可能造成补填施工的情况，在侧爆后补抛时可以加宽 10～15cm；

（4）在处理遇合口问题时，合口长度需要预留的适当大些，施工时可以由中间向两侧进行，每次推进尺度可取 3m 左右；

（5）为了减少爆破时对周围建筑物及设备的振动危害，可以采用微差爆破技术，另外，爆破前半小时开始拉准备放炮警报，清出施工现场周围无关人员，除了陆上周围警戒，还应对附近海上的船只等进行警戒。

4.4　挤淤爆破振动监测

为减小爆破振动的危害效应，对其进行准确预报是十分必要的。近些年来，很多专家学者对预报爆破振动进行了大量的实验研究，普遍认为：为了初步掌握不同爆破条件下的爆破地震波传播特性及衰减规律，先要进行爆破实验及其地震波测试，再结合相关理论分析研究，从而找到预报地震波的方法。众多实验测试都表明，影响爆破振动强度的因素有装药量、爆心距、介质特性、地形条件及爆破方法等，当用质点振动（速度、加速度）的峰值 A 表示爆破振动强度时，可得经验公式 $A = KQ^m R^n$，进一步由相似理论可以对经验公式进行相关变形，从而得到不同爆破条件下的计算公式。在工程设计中，可用类比法给出计算公式中的相关系数，但由于其离散度和误差比较大，所以当遇到重大的爆破工程时，应尽量在类似的爆破条件下进行实验，并进行振动监测，然后对监测得到的数据进行回归分析，从而预报爆破地震效应，为爆破设计、安全距离的确定以及采用相关的防护措施等提供有效的依据。由此可见，爆破振动测试是研究各种条件下爆破地震波传播规律、预防和减小爆破地震效应的重要手段。

4.4.1　测振原理及系统

根据测振仪各组件的设计参数和测量对象的不同，记录曲线可分别代表相对位移、速度或加速度等，它的工作原理如图 4-9 所示。

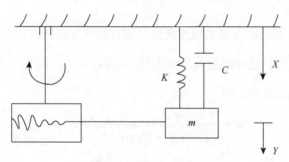

图 4-9　测振工作原理图

取被测物体的基准坐标为 X，质量 m 的基准坐标为 Y，质量 m 与被测物体的相对位移坐标为 Z，则有 $Z = Y - X$。

分析质量 m 所受的力。

弹性力：$K(Y - X) = KZ$

阻尼力：$C\left(\dfrac{\mathrm{d}Y}{\mathrm{d}t} - \dfrac{\mathrm{d}X}{\mathrm{d}t}\right) = C\dfrac{\mathrm{d}Z}{\mathrm{d}t}$

惯性力：$m\dfrac{\mathrm{d}^2Y}{\mathrm{d}t^2} = m\left(\dfrac{\mathrm{d}^2X}{\mathrm{d}t^2} + \dfrac{\mathrm{d}^2Z}{\mathrm{d}t^2}\right)$

故振动体系力的平衡方程式为

$$m\left(\frac{\mathrm{d}^2X}{\mathrm{d}t^2} + \frac{\mathrm{d}^2Z}{\mathrm{d}t^2}\right) + C\frac{\mathrm{d}Z}{\mathrm{d}t} + KZ = 0 \tag{4-5}$$

令 $\sqrt{\dfrac{K}{m}} = \omega_n$，$\dfrac{C}{2m\omega_n} = \xi$，则有

$$\frac{\mathrm{d}^2Z}{\mathrm{d}t^2} + 2\xi\omega_n\frac{\mathrm{d}Z}{\mathrm{d}t} + \omega_n^2 Z = -\frac{\mathrm{d}^2X}{\mathrm{d}t^2} \tag{4-6}$$

假设被测物体按照正弦规律运动，则有

$$x(t) = x_m\sin(\omega_k t) \tag{4-7}$$

代入式（4-6）得

$$\frac{\mathrm{d}^2Z}{\mathrm{d}t^2} + 2\xi\omega_n\frac{\mathrm{d}Z}{\mathrm{d}t} + \omega_n^2 Z = \omega_k^2 x_m\sin(\omega_k t) \tag{4-8}$$

此方程式的解为

$$Z = \mathrm{e}^{-\xi\omega_n t}\left(A_1\mathrm{e}^{\mathrm{j}\sqrt{1-\xi^2}\omega_n t} + A_2\mathrm{e}^{-\mathrm{j}\sqrt{1-\xi^2}\omega_n t}\right) + \frac{u^2 X_m}{\sqrt{(1-u^2)^2 + (2\xi u)^2}}\sin(\omega_k t - \varphi) \tag{4-9}$$

式（4-9）中第一项和第二项为测振仪的自振项（包括由初始条件及强迫项引起的自由振动），它们是有阻尼的衰减振动，即经过一定时间后可衰减到忽略不计。第三项为强迫振动部分，即

$$Z = \frac{u^2 X_m}{\sqrt{(1-u^2)^2 + (2\xi u)^2}} \sin(\omega_k t - \varphi) \tag{4-10}$$

式中，u 为频率比 $\frac{\omega_k}{\omega_n}$；$\varphi$ 为初相角；$\tan\varphi = \frac{2\xi u}{1-u^2}$。

式（4-10）是测振仪动态响应方程式。根据选取的频率比 u 和阻尼 ξ 不同，测振仪能够反映不同振动的性能，下面分别进行讨论。

1）测位移曲线

当频率比 $u = \frac{\omega_k}{\omega_n}$ 很大时，即被测频率较测振仪自振频率高得多。而阻尼 ξ 的值足够小的时候，即 $u \gg 1$，$\xi < 1$ 时，有

$$\frac{u^2}{\sqrt{(1-u^2)^2 + (2\xi u)^2}} \to 1$$

则式（4-10）可以写成：

$$Z \approx x_m \sin(\omega_k t - \varphi) \tag{4-11}$$

说明测振仪反映出来的位移 Z 与被测物体的振动位移成正比，这时仪器可用来测量位移，作为位移计使用。

2）测加速度曲线

当频率比 $u = \frac{\omega_k}{\omega_n}$ 和阻尼 ξ 都较小时，即被测频率较仪器的自振频率低得多，阻尼也足够小，即 $u \ll 1$，$\xi < 1$ 时，有

$$\frac{1}{\sqrt{(1-u^2)^2 + (2\xi u)^2}} \to 1$$

则式（4-10）可以写成：

$$Z \approx x_m \sin(\omega_k t - \varphi) = x_m \frac{\omega_k^2}{\omega_n^2}\sin(\omega_k t - \varphi) = \frac{1}{\omega_n^2}\ddot{x} \tag{4-12}$$

式（4-12）说明测振仪反映的位移 Z 与被测物体的振动加速度成正比，比例系数为 $1/\omega_n^2$，这时仪器可用来测量振动加速度，作为加速度计使用。同时，比例系数 $1/\omega_n^2$ 说明加速度计的自振频率越高，其输出灵敏度越低。

3）测速度曲线

当被测频率接近仪器的自振频率，而且仪器的阻尼又很大时，即 $u \to 1$，$\xi \gg 1$ 时，则有

$$Z = \frac{u^2}{\sqrt{(1-u^2)^2 + (2\xi u)^2}} x_m \sin(\omega_k t - \varphi)$$

$$\approx \frac{u^2}{2\xi u} x_m \sin(\omega_k t - \varphi) = \frac{1}{2\xi u} \omega_k x_m \sin(\omega_k t - \varphi) \qquad （4\text{-}13）$$

所以有

$$|Z| \approx \frac{1}{2\xi u} |\dot{x}| \qquad （4\text{-}14）$$

式（4-14）说明测振仪反映的位移与被测物体的振动速度成正比，这时仪器可用来测量速度，作为速度计使用。

以上说明测振仪随着被测频率和阻尼状态的变化，可以成为位移计、加速度计或速度计。然而，实际中由于受结构形式和换能器种类的限制，一般都做成专用的位移计、速度计或加速度计。

爆破振动测试系统通常由振动传感器、信号放大器、记录仪器三部分组成，如图 4-10 所示。

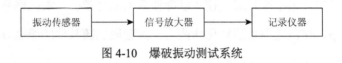

图 4-10　爆破振动测试系统

4.4.2　工程概况

1）工程简介

田湾核电站坐落于江苏省连云港市港口高公岛附近，目前已有两个机组正在

运行，为 1#、2#机组，现扩建为六个机组，其中 5#、6#机组需建一明渠穿过隧道从海中取水，本书的挤淤爆破工程为 5#、6#机组取水明渠的南堤，总长 720m，如图 4-11 所示。

图 4-11　挤淤爆破施工的取水明渠南堤

为了保证堤身的稳定，采用爆破方法对其夯实。原泥石混层面的坡度相对较缓，标高为 –0.46～–1.62m，落底标高为 –3.35～–7.26m。爆破工程周围多民房建（构）筑物，因此在满足工程进度的同时，必须严格保证周围建（构）筑物的安全。

2）装药参数

爆破施工中，采用微差爆破技术以降低振动危害效应，连接网络选择非电导爆管起爆网络，炸药选用条形乳化炸药包，雷管段别随具体的爆破方案设计不同而定。装药设计参数如表 4-1 所示。

表 4-1　装药设计参数

类别	孔药量/kg	段药量/kg	药包个数	药包间距/m	布药宽度/m	药包埋深/m
堤头爆破	6～10	24～40	16～20	3	42～54	12～13
堤侧爆破	15	60	36	2	20	7～9

4.4.3　爆破振动监测

1）仪器选择

本工程的监测系统选用由成都中科测控有限公司生产的 EXP3850-3 爆破振动记录仪和 891-Ⅱ型拾振器（包括垂向、水平径向和切向三个方向），其中 EXP3850-3 爆破振动记录仪既可连接速度传感器，也可连接加速度传感器；891-Ⅱ型拾振器有四个档位可选择，分别为测量小速度、中速度、大速度以及测量加速度四个档位。所有使用的监测仪器和传感器在进入现场前均已经过国家计量单位的标定。

2）测点布置

在临近民房附近靠近爆源一侧设置了四个测点，测点与爆源的空间位置关系如图 4-12 所示，民房区位于堤的西侧和南侧，堤南侧（图中 3 号测点处）为土丘；爆源距测点最近距离约 630m，图中测点从西至东依次为 1、2、3、4 号测点，1、3、4 号测点与爆源之间为深度小于 2m 的海水，2 号测点与爆源间为岩石介质；网格部分为爆填区域。

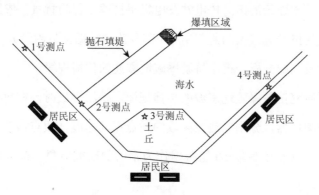

图 4-12　测点布置位置示意图

4.5　挤淤爆破地震波的传播规律

爆破地震波的成分多样性以及其信号的非平稳性决定了其传播规律的复杂

性，相对而言，直接从理论上描述爆破地震波的传播规律更加困难。因此，实践中，关于岩土中应力波的传播规律大多采用半经验公式、半理论的方法来描述。

研究表明[90]，爆破地震波的传播特性受施工时装药参数、爆心距和地质条件等因素的影响。一方面，装药参数（如药包形状、耦合状态、孔径、孔深、起爆方法等）使得产生的爆破地震波具有随机性和多样性；另一方面，爆破地震波传播过程也表现出一定的统计规律，可以用统计方面的理论来解决地震波传播规律的问题。

一般来说，挤淤爆破时，引爆预埋好的炸药后，在爆源近区的复合介质中（抛填岩石、海底淤泥等）形成爆炸冲击波，随着冲击波向周围传播，其应力幅值不断衰减，冲击波速度也不断降低，最后演变为应力波，这个过程与岩石爆破近区几乎相同（装药结构的不同可能产生一些影响）；应力波继续传播，随着应力波的进一步衰减，最终演变为地震波，这时的传播介质则主要是海水、淤泥及泥下岩石等。挤淤爆破后引起应力波衰减的主要原因有：波传播辐射面的扩大，引起能量的耗散；传播介质（海水、岩石等）质点运动引起内摩擦能量损失；应力波传播过程中相互交叉引起的卸载，导致其衰减。

下面以江苏省连云港田湾核电站发电机组扩建工程为背景，依据5#、6#机组取水明渠南堤的挤淤爆破振动监测结果（部分监测数据详见附录），主要通过对监测数据的统计及回归分析，得出挤淤爆破地震波的传播规律。

为了全面研究挤淤爆破地震波的传播规律，挤淤爆破时，在每个测点处设置了两台振动监测仪器，分别对测点区域的质点振动速度、质点振动加速度及振动频率进行监测，现从中各取 50 组数据作为本书的研究对象，部分监测数据见附表 4-1 和附表 4-2。

4.5.1　质点振动速度分析

1）数据总体评估

由于施工现场周围的民房一般是砖房及非抗震性的砌块建筑物，所以取控制阈值为质点最大振动速度峰值不大于 2cm/s。通过对监测数据的统计，发现各监测点测得的质点最大振动速度峰值如表 4-2 所示。

表 4-2 各监测点测得的质点最大振动速度峰值　　　（单位：cm/s）

控制标准	1 号测点	2 号测点	3 号测点	4 号测点
2	0.4651	0.3635	0.9733	0.9861

从表 4-2 可清楚看出，挤淤爆破中，各测点区域的质点最大振动速度峰值均小于控制阈值，即爆破振动并未对周围民房产生破坏。

2）影响参量分析

以 3 号测点所测数据为例，根据单孔药量和段药量的不同，将堤头爆破炮次分为 3 组，对相应监测结果对比分析，如表 4-3 所示。

表 4-3 堤头爆破时不同爆破参数对应的监测结果

分类	炮次	测点	单孔药量/kg	段药量/kg	爆心距/m	PPV/(cm/s)
1	001～025	3 号测点	6	24	723.5～705.8	0.2048～0.3778
2	026～040	3 号测点	8	32	708.1～692.0	0.2784～0.6320
3	041～050	3 号测点	10	40	698.5～688.3	0.7102～0.9733

注：PPV（peak particle velocities 的简写）指质点振动速度峰值，下同。

从表 4-3 中根据对比分析可知，该测点处段药量对质点振动速度峰值的影响程度大于爆心距；另外，用同样的方法对其他测点监测值进行分析，发现同样的规律。由此可见，降低爆破整体规模、减小单孔药量、减小段药量，对降低挤淤爆破在监测区域的质点振动速度峰值起主要作用。

3）不同测点区域质点振动速度峰值的对比分析

空间位置上，2 号和 4 号测点的爆心距相当，都在 700m 左右；但测点与爆源之间的介质不同，2 号测点与爆源之间为岩石介质，4 号测点与爆源之间则是由海水、淤泥、泥下岩石等组成的复杂介质，选取这两个测点区域的监测数据进行对比，如表 4-4 所示。

表 4-4   2 号与 4 号测点的质点振动速度峰值比较

测点	炮次	爆心距/m	PPV/(cm/s)
2 号	001～025	702.2～695.0	0.0912～0.2206
4 号	001～025	705.1～697.5	0.1903～0.3072
2 号	026～040	693.8～687.3	0.1835～0.3071
4 号	026～040	696.0～691.2	0.2701～0.4280
2 号	041～050	685.5～678.1	0.2532～0.5635
4 号	041～050	688.3～681.7	0.5905～0.9861

由表 4-4 可以看出，相同条件下，挤淤爆破时，4 号测点区域的质点振动速度峰值大于 2 号测点区域，说明在海水、淤泥及泥下岩石等复合介质中地震波的传播能力强于单一岩石介质中的传播能力。分析其原因，可能 2 号测点与爆源间的岩石介质内裂隙、节理等较为丰富，地震波传播时将产生大量的反射、折射现象，造成地震波的传播能力明显降低。

4）堤头爆破与堤侧爆破的对比分析

通过对所有测点监测数据精心挑选，分别取其中的 15 个堤头爆破炮次和 15 个堤侧爆破炮次，对 1 号测点和 3 号测点的监测数据分别进行回归，根据萨道夫斯基经验公式[91]：

$$A = K\left(\frac{\sqrt[3]{Q}}{R}\right)^{\alpha} \tag{4-15}$$

式中，R 为爆心距，m；Q 为炸药量，齐发爆破取总装药量，微差爆破或秒差爆破取最大一段装药量，kg；K、α 为回归常数；A 是反映爆破振动强度的物理量（质点振动速度或振动加速度），这里指测点处的质点振动速度。

堤头爆破回归得到的振动速度衰减规律如表 4-5 所示。

表 4-5   堤头爆破时质点振动速度衰减规律

1 号测点	V	R	T	3 号测点	V	R	T
K	391.5	362.3	296.1	K	365.3	346.5	342.8
α	1.425	1.432	1.379	α	1.337	1.352	1.341

堤侧爆破回归得到的振动速度衰减规律如表 4-6 所示。

表 4-6　堤侧爆破时质点振动速度衰减规律

1 号测点	V	R	T	3 号测点	V	R	T
K	405.3	482.6	453.5	K	392.3	466.2	400.8
α	1.318	1.292	1.338	α	1.287	1.261	1.285

表 4-5 和表 4-6 分别列出了堤头爆破和堤侧爆破时，测点处三个不同方向的质点振动速度衰减规律，其中 V 为垂直方向，R 为水平东西方向，T 为水平南北方向。总体来说，堤侧爆破时引起的测点振动速度大于堤头爆破；堤侧爆破时测点处水平东西方向的振动速度明显大于其他两个方向，而堤头爆破时测点处三个方向的质点振动速度差别不大。结合测点与爆源的位置关系，说明除了段药量对测点处质点振动速度峰值有明显影响，爆破地震波的主传方向（即垂直于炮孔中心连线方向）对其也有较大影响。

4.5.2　质点振动加速度分析

1）不同测点处质点振动加速度峰值的对比分析

分别取 2 号和 4 号测点处的质点振动加速度监测数据进行对比，如表 4-7 所示。

表 4-7　2 号与 4 号测点处的质点振动加速度峰值对比

测点	炮次	爆心距/m	加速度峰值/g
2 号	001～025	702.2～695.0	0.0050～0.0064
4 号	001～025	705.1～697.5	0.0059～0.0073
2 号	026～040	693.8～687.3	0.0056～0.0081
4 号	026～040	696.0～691.2	0.0068～0.0104
2 号	041～050	685.5～678.1	0.0073～0.0112
4 号	041～050	688.3～681.7	0.0096～0.0165

注：表中质点振动加速度的单位为 g。

由表 4-7 可知,相同条件下,挤淤爆破时,4 号测点处质点振动加速度峰值大于 2 号测点处,再次说明了本工程条件下,在海水、淤泥及泥下岩石等复杂介质中地震波的传播能力强于单一岩石介质中的传播能力。

2)堤头爆破与堤侧爆破的对比分析

同样,在不同位置爆破作用下,分别取堤头爆破和堤侧爆破各 15 炮次监测数据,利用萨道夫斯基经验公式,对 1 号测点和 3 号测点的振动加速度进行回归分析,分析结果分别见表 4-8、表 4-9。

表 4-8　堤头爆破时不同测点处质点振动加速度衰减规律

1 号测点	V	R	T	3 号测点	V	R	T
K	6.10	4.69	4.28	K	6.75	5.72	6.32
α	1.325	1.230	1.233	α	1.321	1.245	1.296

表 4-9　堤侧爆破时不同测点处质点振动加速度衰减规律

1 号测点	V	R	T	3 号测点	V	R	T
K	7.26	7.33	6.61	K	5.52	7.65	6.81
α	1.485	1.312	1.402	α	1.395	1.291	1.383

表 4-8 和表 4-9 分别给出了堤头爆破与堤侧爆破时,不同测点处三个方向的质点振动加速度衰减规律。表中可见,3 号测点处质点振动加速度值大于 1 号测点处;总体来看,堤侧爆破时测点处质点振动加速度大于堤头爆破;堤侧爆破时,测点处 R 向上的质点振动加速度明显大于其他两个方向,说明爆破地震波主传方向对质点振动加速度也有较大影响。

4.5.3　地震波主频分析

在 4 号测点处,分别取 50 组堤头爆破与堤侧爆破振动监测数据,对它们的主频进行统计,结果如图 4-13 所示。

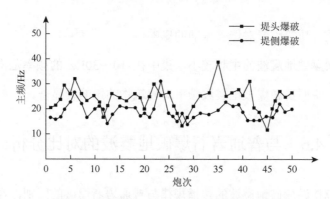

图 4-13　堤头爆破与堤侧爆破地震波主频对比

统计结果显示，堤头爆破时测点处地震波主频稍大于堤侧爆破，但总体上，地震波主频多在10~30Hz，两者相差不大。研究表明[92]，较低层的民房建筑物受4~12Hz 的振动频率影响最为显著，而 5~20Hz 的频率范围对单层住宅结构影响最大，因此，从地震波频率角度分析，挤淤爆破地震波频率对建筑物的影响较为显著，尤其是堤侧爆破时地震波对其的影响更大。

4.5.4　挤淤爆破地震波传播规律总结

通过对挤淤爆破工程中不同测点监测数据进行整理、回归分析以及主频统计得出以下规律：

（1）段药量对挤淤爆破振动效应的影响强于爆心距对其的影响，因此，通过减小单孔药量，设计多段别起爆，用微差爆破技术能够有效降低爆破地震波强度。

（2）堤侧爆破振动强度（包括振动速度和加速度）大于堤头爆破；堤侧爆破时 R 向的质点振动强度明显大于其他两个方向；说明挤淤爆破中爆破地震波主传方向上振动强度会明显增强，爆破工程实例中应尽量避免该方向正对被保护对象，这点可为后续堤侧爆破参数设计的优化提供理论依据。

（3）挤淤爆破时，在海水、淤泥及泥下岩石等复合介质中地震波的传播能力强于单一岩石介质中的传播能力。鉴于此，在类似的爆破工程中，应充分考虑地形结构、地质介质等因素对爆破振动的影响。

（4）挤淤爆破地震波的主频较小，集中在 10～30Hz 的频率范围内。结合相关研究成果，说明挤淤爆破地震波频率对建筑物的影响较显著。

4.6　与普通岩石爆破地震波的对比分析

为了研究挤淤爆破地震波的传播规律与普通岩石爆破的区别，在施工单位的大力配合下，于田湾核电站 5#机组负挖爆破时在不影响施工进度的情况下，适当调整了负挖爆破的设计参数，使负挖爆破 20 余炮次的段药量均与上述研究的挤淤爆破相同，具体的爆破参数如表 4-10 所示。

表 4-10　负挖爆破参数

孔药量/kg	段药量/kg	孔距/m	孔深/m	孔径/mm	排距/m
3～5	24～40	0.8～2.2	3.8～6.0	76	1.0～1.8

爆破时，采用上述相同的振动监测系统，分别对测点处质点振动速度及加速度进行监测，测点距爆源间距约 700m。

1）测点处质点振动速度峰值回归分析

从监测结果中精心挑选 15 组数据，对其进行萨道夫斯基回归分析，得到其质点振动速度峰值的衰减规律为

$$v = 486.5 \left(\frac{\sqrt[3]{Q}}{R} \right)^{1.523} \tag{4-16}$$

回归结果表明：同等条件（孔药量及段药量相等）下，挤淤爆破地震波引起的质点振动速度峰值大于普通岩石爆破。

2）测点处质点振动加速度峰值回归分析

同样，取 15 组振动加速度监测数据，对其进行回归分析，得到的质点振动加速度峰值衰减规律为

$$a = 5.76\left(\frac{\sqrt[3]{Q}}{R}\right)^{1.407} \qquad (4\text{-}17)$$

式中，a 表示质点振动加速度，g。

　　分析结果表明，同等条件下，挤淤爆破地震波引起的质点振动加速度峰值大于普通岩石爆破。综合质点振动速度峰值的分析结果，可见，同等条件下，挤淤爆破振动强度大于普通岩石爆破。

　　3）不同爆破形式的地震波主频对比

　　分别取挤淤爆破时 4 号测点处监测数据和普通岩石爆破振动监测数据各 15组，对它们的主频进行统计，结果如图 4-14 所示。

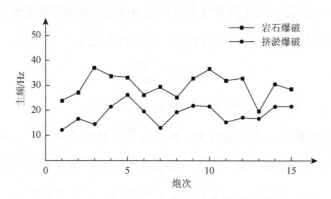

图 4-14　普通岩石爆破与挤淤爆破地震波主频对比

　　从图 4-14 可见，挤淤爆破地震波主频多为 10～25Hz，而普通岩石爆破地震波主频则为 20～40Hz，即挤淤爆破地震波主频小于普通岩石爆破，所以，同等条件下，从地震波频率角度分析，挤淤爆破对建筑物的振动危害强于普通岩石爆破。

第 5 章 地震波信号的 HHT 分析

5.1 HHT 分析法

HHT 分析作为一种信号处理技术，主要由经验模态分解（EMD）和 Hilbert 变换两部分组成，核心是 EMD。该方法不需要固定的先验基底，分解得到的一系列本征模函数（IMF）具有不同的特征尺度，通过 HHT 变换后得到的瞬时频率物理意义明显，可以说，HHT 分析法是适应性很强的时频局部化分析法[93]。瞬时频率是对信号频率随时间变化规律的表述，数学表达式为

$$f(t) = \frac{\mathrm{d}\varPhi(t)}{\mathrm{d}t} \tag{5-1}$$

式（5-1）揭示了某一时刻信号能量随频率的集中程度。

研究信号的瞬态与非平稳现象，频率必须是时间的函数。只有在某些特定的条件下才有瞬时频率一说，如单一分量信号。对于非平稳信号而言，因其频率不断变化，所以全局性限制条件没有任何意义，只有在局部性的限制条件下得到的瞬时频率才具有意义。Huang 等定义了满足以下 2 个条件的函数为 IMF 分量：

（1）对于整列数据而言，极值点的数目必须等于零点数，或者至多差一个；

（2）任意点处，分别由极大值点和极小值点拟合成的上下包络线间的平均值应等于零。

典型的 IMF 分量如图 5-1 所示。

5.1.1 EMD 原理与算法

EMD 分解必须基于下列假设才能得以进行：①任何复杂的信号都可以由若干

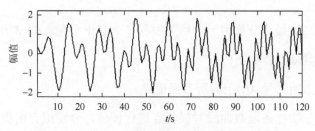

图 5-1　一个典型的 IMF 分量

个固有模态函数（即 IMF）分量组成；②每个 IMF 既可是线性的，也可是非线性的；③各 IMF 分量间可以相互叠加，形成一个复合信号。

如图 5-2 所示，为 EMD 分解信号得出 IMF 分量的流程示意图。

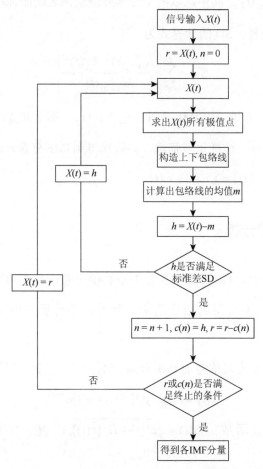

图 5-2　EMD 分解信号得出 IMF 分量的流程示意图

信号经 EMD 最终分解为一个趋势项和多个 IMF 分量。令 $X(t)$ 代表一个原始信号，分解的具体步骤如下：

（1）找出原始信号 $X(t)$ 上的所有极值点。

（2）采用三次样条函数曲线对极值点进行插值，分别拟合出极大值点对应的上包络线 $X_{max}(t)$ 以及极小值点对应的下包络线 $X_{min}(t)$，连接两条包络线的均值得到均值线 $m_1(t)$。

（3）定义 $h_1(t) = X(t) - m_1(t)$，对不同的信号来说，$h_1(t)$ 不一定是 IMF 分量，如果不是，将 $h_1(t)$ 作为原信号，重复上述步骤 k 次，将得到第 k 次筛选的结果 $h_{1k}(t)$：$h_{1k}(t) = h_{1(k-1)}(t) - m_{1k}(t)$。其中，以两个连续处理结果之间的标准差 SD 值来判断 $h(t)$ 是不是 IMF 分量，SD 的计算式为

$$SD = \sum_{t=0}^{T} \left| \frac{|h_{1(k-1)}(t) - h_{1k}(t)|^2}{h^2_{1(k-1)}(t)} \right| \tag{5-2}$$

（4）假设 $h_{1k}(t)$ 为第一阶 IMF 分量，记作 $c_1(t)$，那么从 $X(t)$ 中减去 $c_1(t)$，便得到了新的信号 $r_1(t)$，这样重复筛选，会依次得到 IMF 分量 $c_2(t), c_3(t), \cdots, c_n(t)$ 以及趋势项 $r_n(t)$，有 $X(t) = \sum c_i(t) + r_n(t)$。

5.1.2　Hilbert 谱分析

通过对信号 EMD 分解，将得到若干个 IMF 分量，然后再对每一个 IMF 分量进行 Hilbert 变换，便可得到相应的瞬时频谱，综合所有的瞬时频谱就得到了 Hilbert 谱[70]。

具体步骤是，首先对信号的 IMF 分量 $c(t)$ 作 Hilbert 变换得解析信号：

$$z(t) = c(t) + jH[c(t)] = a(t)e^{j\phi(t)} \tag{5-3}$$

式中，$a(t)$ 为幅值函数，$a(t) = \sqrt{c^2(t) + H^2[c(t)]}$；$\phi(t)$ 为相位函数，$\phi(t) = \arctan \frac{H[c(t)]}{c(t)}$。

在此基础上可求出瞬时频率：

$$f(t) = \frac{1}{2\pi}\frac{\mathrm{d}\phi(t)}{\mathrm{d}t} \tag{5-4}$$

由此可以看出，信号经 Hilbert 变换后得到的幅值与频率均是时间的函数，如果将幅值显示在频率-时间系中，便得到了 Hilbert 谱：

$$H(w,t) = \mathrm{Re}\sum_{i=1}^{n} a_i \mathrm{e}^{\mathrm{j}\phi(t)} \tag{5-5}$$

式中，Re 表示取实部。

Hilbert 边际谱表示的是每个频率在整个时间范围内幅值的累加结果：

$$h(w) = \int_0^T H(w,t)\mathrm{d}t \tag{5-6}$$

瞬时能量谱表示信号能量随时间的变化情况：

$$\mathrm{IE}(t) = \int_w H^2(w,t)\mathrm{d}w \tag{5-7}$$

Hilbert 能量谱表示每个频率在整个时间范围内的能量积累情况，它提供了其中每个频率的能量计算式。利用振幅的平方对时间进行积分，便可得到 Hilbert 能量谱：

$$\mathrm{ES}(w) = \int_0^T H^2(w,t)\mathrm{d}t \tag{5-8}$$

基于能量谱，定义 $E(w)$ 为

$$E(w) = \int_0^T H^2(w,t)\mathrm{d}t \tag{5-9}$$

$E(w)$ 称为 Hilbert 边际能量谱，它描述了信号能量随频率的分布情况。

5.1.3　HHT 分析的优越性

由上述内容可知，HHT 分析法具有以下几方面的优越性：

（1）不同于傅里叶变换和小波分析，HHT 分析无须固定的基函数，更加适合于对非平稳信号的处理，即它是一种适应性更强的时-频局部分析法；

（2）首次明确地给出了 IMF 定义，指出其幅值可以改变，这就打破了传统的将简谐信号（其幅值不可变）定义为基底的局限性，从而使信号的分析更加灵活；

（3）每个IMF可看成信号的一个固有振动模态，通过 HHT 变换后得到的瞬时频率物理意义清晰，能够很好地描述信号的局部特征；

（4）该方法中，相位函数的倒数即瞬时频率，无须对整个信号定义局部频率，因此低频信号中的奇异信号也能够被辨识出来，相对于小波变换来说，这是一个很大的进步。

5.2　爆破地震波信号的 HHT 分析

以第 2 章中的一组普通岩石爆破振动监测信号为分析对象，其质点振动速度峰值所对应的波形图如图 5-3 所示。

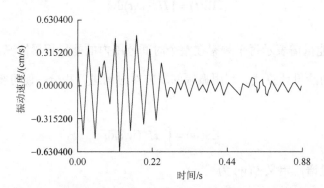

图 5-3　爆破振动监测信号质点振动速度峰值所对应的波形图

使用 HHT 分析方法对该信号进行分析。

1）信号的 IMF 分量

用 EMD 法对信号进行分解，得到的 IMF 分量如图 5-4 所示。

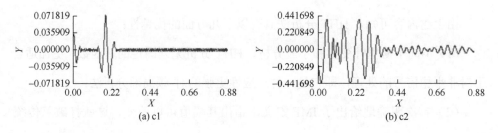

(a) c1　　　　　　　　(b) c2

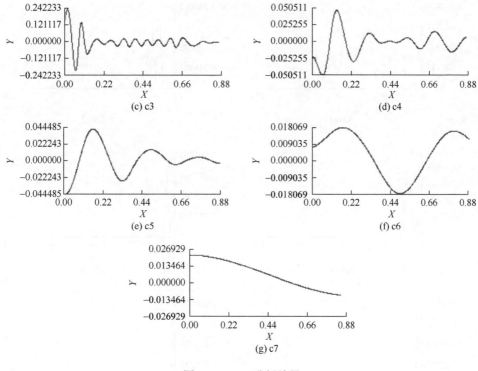

图 5-4 EMD 分解结果

图 5-4 中，X 轴表示时间，s；Y 轴表示振动速度，cm／s。EMD 分解的原则是先提取高频分量，再提取次高频分量，即按照频率由高到低的顺序进行分解。由图 5-4 可见，经 EMD 分解后，原始地震波信号被分解为 7 个分量，即分量 c1～c7。其中，c1 的频率最高，而波长最短，c1～c7 的频率逐渐降低，波长越来越长。由于图中各分量包含的时间尺度（两相邻波峰的时间间隔）不同，因此可以理解为各分量以不同的分辨率描述了信号的特征。

EMD 分解时没有固定的基函数，信号自身特性决定了其对每个分量的提取，说明 EMD 分解是自适应的，相对于小波变换及傅里叶分析来说，EMD 分解过程更加简单。

2）信号的频谱

各 IMF 分量的局部频谱与原始信号的频谱分别如图 5-5、图 5-6 所示。

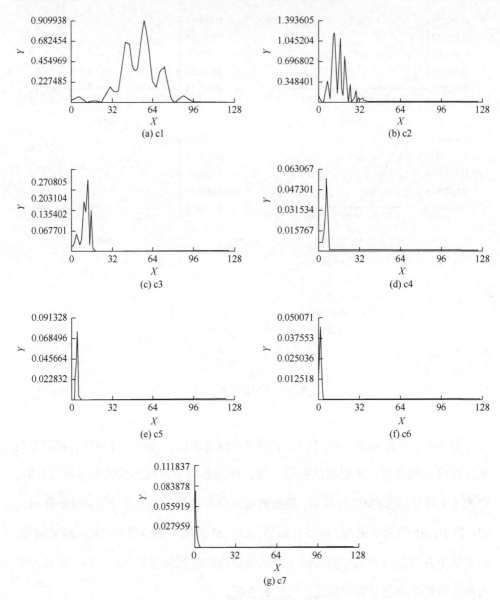

图 5-5　各分量的局部频谱分析结果

　　图 5-5 中，X 轴表示频率，Hz；Y 轴表示功率谱密度。由图可见，信号的频谱较为丰富，且大多分布在 35Hz 以内。

　　把图 5-6 与局部频谱分析结果对比可以发现它们表征的信号频谱特性基本一致，另外，从图 5-4 中可以看出，c1 分量所占的能量很小，说明它可能是在监

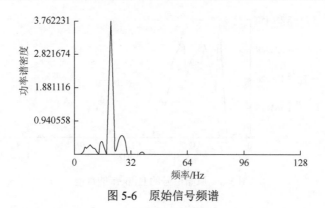

图 5-6　原始信号频谱

测时嵌入的高频噪声，需要在分析中去噪；与 c1 相比， c2 、 c3 分量的频率明显减小，但它们的振幅比 c1 大得多，结合图 5-5 可知，信号的大部分能量均集中在这两个频带，因此，这段频率可视为信号的优势频带，将对建筑物构成主要危害，应引起重视； c4 、 c5 、 c6 分量的频率更小，所占的能量也很小； c7 是最后的余量，它表明了信号的微弱变化趋势，也可能是监测仪器的零漂结果。总的来说，经 EMD 分解后，信号的全部固有模态函数都被按照频率由高到低的顺序提取了出来，而且原始信号的最显著特征集中体现在提取出的其中几个分量上。

3）信号的瞬时能量谱、Hilbert 能量谱及边际谱

原始信号的瞬时能量谱、Hilbert 能量谱及边际谱计算结果分别见图 5-7～图 5-9。

从原始信号的瞬时能量谱中可以看出，原始信号是由多段雷管起爆共同作用的结果，可以清楚地表明信号能量随时间的变化情况。图 5-8 中的 Hilbert 能量谱

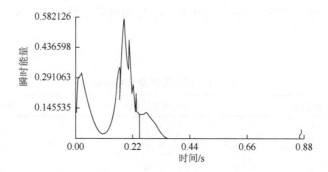

图 5-7　原始信号的瞬时能量谱

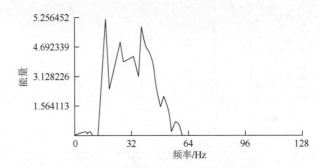

图 5-8　原始信号的 Hilbert 能量谱

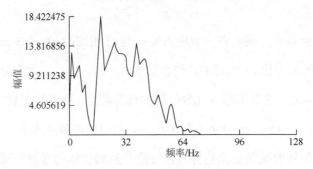

图 5-9　原始信号的边际谱

描述了每个频率在整个时间范围内的累积能量情况，图中说明该地震波的能量基本上分布于频率小于64Hz的范围内，并大致集中于10~40Hz，而高频部分所占能量分量非常少。图 5-9 中原始信号的边际谱则描述了在整个时间范围内信号幅值随频率的变化情况。

4）各频带能量分布

取频带带宽为5Hz，分析信号中0~50Hz频率的能量分布情况，结果如表 5-1 所示。

表 5-1　各频带能量分布情况

频带范围/Hz	占总能的比例/%	占所选频段的比例/%
0~5	1.70	1.72
5~10	0.63	0.63
10~15	11.94	12.06

续表

频带范围/Hz	占总能的比例/%	占所选频段的比例/%
15～20	22.75	22.99
20～25	28.58	28.87
25～30	24.87	25.12
30～35	7.76	7.84
35～40	0.31	0.32
40～45	0.28	0.28
45～50	0.17	0.17

　　从表 5-1 可以看出，挤淤爆破地震波能量主要集中在 35Hz 以下的频率范围内，而 35Hz 以上的频率范围所占能量很少，所选频段（即 50Hz 以内）的能量占信号总能量的 98.99%，爆破振动信号的优势频率主要集中在 10～35Hz。

第6章 挤淤爆破地震波对建筑物的影响研究

研究表明[94, 95]：建筑物受爆破振动的影响是爆破参数、结构特性及场地条件等的综合作用结果，不仅与地震波的自身特性有关，还与地质介质特性、建筑结构的动力响应特性等有关，所以仅以地震波的强度因子（即位移、速度、加速度）来衡量其对建筑物的危害程度显然不够全面。爆破地震波对建筑物的影响实际上就是一种能量转化和传递的过程，起爆后，地震波在地介质中传播，首先引起地面的运动，随着波的传播，这种地振动通过建筑物的基础传到建筑物上层结构，引起结构的振动。当引起结构的振动响应大于构件材料本身的强度极限时，就会造成建筑结构的损坏；若建筑构件振动位移达到一定值后，即使没有直接造成结构的破坏，但结构也已经产生了一定的损伤，使建筑物不能满足正常使用的要求，这也属振动危害范畴。需要说明的是，结构的位移在弹性阶段以阻尼耗能形式为主，而在非弹性阶段，则以滞回耗能形式为主。相关研究指出[96, 97]，输入结构的总能量大小不仅与地震波本身有关，还与结构自身特性有关。

6.1 爆破振动对建筑物影响的形式及因素

爆破振动对建筑物的破坏途径可归纳为振动破坏与非振动破坏[80]两种。振动的破坏程度主要与爆破地震波自身特性及建筑物的抗震性能等因素有关，其表现出的形式主要有墙皮剥落、墙壁龟裂、地板开裂、建筑基础变形或下沉、倒塌等；相应的破坏程度分别对应为轻微损伤、中度损坏、严重破坏、倒毁或倒塌。非振动破坏是指与地基状况相关的破坏，由于地震波的影响，可能会造成地基土的液化、地基不均匀沉降及开裂，使地基失去承载能力，从而对建筑物上层结构造成损坏。

爆破地震波特性包括地震波强度、振动频率及振动持续时间三个要素，而它们又与震源的幅频特性、建筑物距爆源的距离及传播介质特性等密切相关。建筑物的抗震能力主要取决于其自身的结构特点和陈旧程度，具体包括结构的强度、刚度、稳定性及变形能力等方面；另外，建筑物的类型以及建造初期的施工质量、建筑材料等因素对其抗震能力影响也很大。

从地震波对建筑物的破坏方式上看，主要包括以下三种破坏形式。

（1）直接对建筑物造成破坏。爆破引起的强烈振动对完好的建筑物直接作用而造成的破坏。振动危害实例调查及相关研究表明，造成建筑物直接破坏的主要原因是首次超越结构最大位移破坏以及累积损伤破坏。

（2）间接引起建筑物破坏。对完好且未受过任何损伤的建筑物，地震波引起地基失稳或位移（如基下土软化或液化、断层破裂等）从而导致建筑物的破坏。

（3）加速建筑物的破损。因某种原因（如自然条件、建筑陈旧等）在爆破前已经受到一定损伤的建筑物，由于受爆破地震波的影响而加速其损伤的情况。这在爆破工程实际中，也是最常见的建筑物破损形式。

6.2　能量破坏机理

6.2.1　能量方程

人们用能量平衡方程来计算建筑物受爆破地震波的危害程度，通过结构的动力响应方程可以得到其能量平衡方程。单自由度体系内，建筑结构对地震波的动力响应方程为

$$m\ddot{x} + c\dot{x} + f(x) = -m\ddot{x}_g \tag{6-1}$$

式中，m 为体系质量；c 为体系黏滞阻尼系数；$f(x)$ 为体系恢复力；$\ddot{x}_g$ 为地震波地面加速度；x，$\dot{x}$，$\ddot{x}$ 分别指体系相对于地面的位移、速度及加速度。

对式（6-1）两边同乘 $\dot{x}$，在振动持续时间 $[0, t]$ 内求积分，便可得到能量反应方程式：

$$\int_0^t m\ddot{x}\dot{x}\mathrm{d}t + \int_0^t c\dot{x}\dot{x}\mathrm{d}t + \int_0^t f(x)\dot{x}\mathrm{d}t = -\int_0^t m\ddot{x}_g\dot{x}\mathrm{d}t \tag{6-2}$$

记为

$$E_k + E_d + E_h = E_i \tag{6-3}$$

式中，$E_k = \int_0^t m\ddot{x}\dot{x}\mathrm{d}t$ 为体系的相对动能；$E_d = \int_0^t c\dot{x}\dot{x}\mathrm{d}t$ 为阻尼耗能；$E_h = \int_0^t f(x)\dot{x}\mathrm{d}t$ 为体系变形能；$E_i = -\int_0^t m\ddot{x}_g\dot{x}\mathrm{d}t$ 为地震波对结构的输入能量。

对于多自由度体系模型，也可采用类似于式（6-1）、式（6-2）的相对能量方程：

$$\sum_{i=1}^n \left[\frac{1}{2} m_i \dot{x}^2(t) \right] + \sum_{i=1}^n \int_0^t c_i \dot{x}^2 \mathrm{d}t + \sum_{i=1}^n \int_0^t f_i \dot{x}_i \mathrm{d}t = \sum_{i=1}^n \int_0^t (-m_i \ddot{x}_g \dot{x}_i) \mathrm{d}t \tag{6-4}$$

$$\sum_{i=1}^n E_{ki} + \sum_{i=1}^n E_{di} + \sum_{i=1}^n E_{hi} = \sum_{i=1}^n E_i \tag{6-5}$$

式中，E_{ki}、E_{di}、E_{hi} 分别表示建筑物的第 i 层动能、阻尼能、滞回能；$\sum_{i=1}^n E_i$ 表示爆破地震波对建筑物输入的总能量。

在绝对坐标系中，建筑物的绝对位移为 $x_i = x + x_g$，其中，x 表示建筑物对地面的相对位移，x_g 表示地面运动的绝对位移。将 $x = x_i - x_g$ 代入式（6-2）中，可得体系的绝对能量方程：

$$\frac{1}{2} m\dot{x}_i^2 + \int_0^t c\dot{x}\dot{x}\mathrm{d}t + \int_0^t f(x)\dot{x}\mathrm{d}t = -\int_0^t m\ddot{x}_g\dot{x}\mathrm{d}t \tag{6-6}$$

式（6-6）中的地面运动加速度，可通过加速度测振仪测得。

6.2.2　瞬时输入能量

如图 6-1 所示，爆破地震波作用下，瞬时输入能量 ΔE 等于 Δt 时间内建筑物吸收的能量，建筑物吸收的能量又等于阻尼耗能和体系变形能之和。Δt 是指地震波信号中，连续两个速度零点之间的时间差，即表示从 $E_k = 0$ 开始到下一个 $E_k = 0$ 之间的时间段。

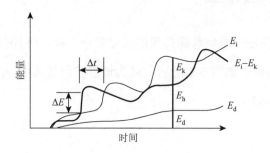

图 6-1　　能量反应的示意图

因速度为零，故动增量也为零，那么有

$$\Delta E = \Delta E_d + \Delta E_h \tag{6-7}$$

$$-\int_0^{t+\Delta t} m\ddot{x}_g \dot{x}\mathrm{d}t = \int_0^{t+\Delta t} c\dot{x}\dot{x}\mathrm{d}t + \int_0^{t+\Delta t} f(x)\dot{x}\mathrm{d}t \tag{6-8}$$

建筑物在振动作用过程中每往返一次的时间是变化的，因此 Δt 也是变化的，建筑物的自振周期越长，其往返振动一次所用的时间就越长，Δt 也就越大。

由式（6-7）可知，瞬时输入能量由阻尼耗能增量 ΔE_d 和体系变形能增量 ΔE_h 两部分组成。其中，ΔE_h 既包括弹性应变能部分，又包含塑性变形的滞回耗能部分，当对体系输入的瞬时能量较大时，ΔE_h 主要是滞回耗能。结合爆破地震波特性不同及建筑物结构性能的差异，将地震波对建筑结构的破坏形式分为两种，一种是由于超越了结构的最大位移而造成的损坏，另一种是结构塑性变形阶段，地震波对其的累积损伤。其中，瞬时最大输入能量对应着结构的最大位移，如果瞬时最大输入能量足够大，则可能造成结构的"最大位移首次超越"现象，将直接造成结构的损坏；如果瞬时最大输入能量未能使结构超越最大位移，则可能导致结构塑性变形，从而为累积破坏效应创造条件。通常将建筑物的滞回耗能作为其累积破坏能量。由此可见，结构的变形和阻尼是建筑物耗散能量的两个主要途径，因此研究瞬时最大输入能量对建筑物的影响具有重要意义。

6.2.3　计算瞬时输入能量

利用 HHT 分析法来求解前面提到的能量微分方程，将 HHT 分析法与瞬时输入能量的概念相结合。如图 6-2 所示，s1 为地震波信号其中一段的放大图，其对应的瞬时能量谱为 s2。

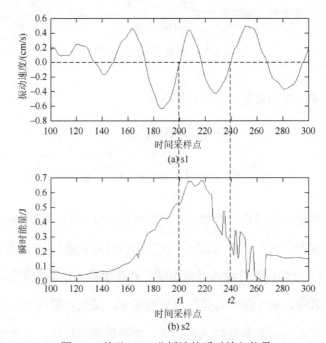

图 6-2　基于 HHT 分析法的瞬时输入能量

根据前面定义的 Δt，则有 $\Delta t = t2 - t1$，然后再对 HHT 分析法求出的瞬时能量在 Δt 时段内积分，这样便求出了相应的瞬时输入能量 ΔE，$\Delta E_{\max}$ 表示瞬时最大输入能量，对应着整个波形上的最大值。由此可见，该方法充分利用了 HHT 分析法的优越性，与公式法求解相比，更加简单直观，且无须考虑公式在求解过程中所要具备的一些前提条件。

6.3　挤淤爆破地震波对建筑物的影响研究

前面叙述了能量的破坏机理，瞬时最大输入能量能够很好地体现结构位移与能量之间的关系，这里结合能量破坏机理，从爆破振动三要素、爆破地震波累积破坏效应以及建筑物自身结构特性三个方面来分析挤淤爆破振动对建筑物的影响。

6.3.1　爆破振动三要素对建筑物的危害

地震波对结构的作用方式主要表现为力效应和应变效应，实际上它们的作用结果都一样，只是作用机理不同而已。力效应是指直接作用在结构上的拉压力，造成结构的损坏；应变效应是指地震波先对建筑基础作用，使之产生变形，然后振动变形经结构基础传到整个构建上，从而造成结构的损伤。根据弹塑性力学理论，结构对地震波的应力响应大小与质点振动速度的关系为

$$\sigma = \frac{Ev}{c} \tag{6-9}$$

式中，σ 为地震波对建筑物作用的应力；v 为质点振动速度；E 表示建筑结构的弹性模量；c 为地震波在建筑物中的传播速度。

临界条件下，应力与质点振动速度峰值的关系为

$$\sigma_{\mathrm{m}} = \frac{Ev_{\mathrm{m}}}{c} \tag{6-10}$$

式中，σ_{m} 为地震波在建筑物中产生的最大应力；v_{m} 表示质点振动速度峰值。

从式（6-10）可知，地震波对建筑物作用的最大应力与质点振动速度峰值成正比。

由于不同建筑结构的自振周期不同，因此，地震波对不同建筑物的反应特性差异很大，地震波的这种反应特性称为频谱特性。通常，表示地震波频谱特性的方法有功率谱、反应谱、傅里叶谱等。爆破振动领域，最常用的是反应谱和功率谱。

相对位移是建筑物受振动破坏的主要评估因素，相同条件下，结构响应的相对位移随地震波频率的变化而不同，因此地震波频率也会对建筑物的破坏产生影响。

振动持续时间可以分为一段地震波持续时间和全部地震波持续时间。理论上持续时间是从振动开始到停止所经历的时间，但通常认为：波从初始到其幅值衰减到最大峰值的一定比例时称为主震波，常把测点位置从开始振动到振动幅值减小到其峰值的1/3时的这段时间称为相对振动持续时间[84]。振动持续时间主要受场地特性、传播介质、装药参数、延时及传播距离等因素的影响。

利用第 4 章 4.5 节中 4 号测点处监测得到的一组地震波信号，其质点振动速度峰值对应的波形如图 6-3 所示。

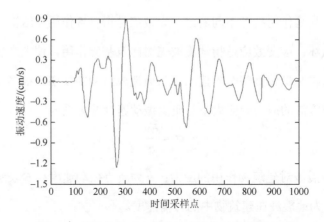

图 6-3　原始信号质点振动速度峰值对应的波形图

采用 HHT 分析法对该信号进行分析，得到信号及其瞬时能量谱如图 6-4 所示，信号的边际谱与 Hilbert 能量谱分别如图 6-5、图 6-6 所示。结合瞬时输入能量的概念，选择信号中的三个振幅点来分析，分别是最大振幅点 1、次振幅点 2 及 3，对应的瞬时输入能量分别记作 ΔE_1、ΔE_2 和 ΔE_3，使用前面计算瞬时最大输入能量的方法，可得：$\Delta E_1 = 47.6923\text{J}$，$\Delta E_2 = 14.0022\text{J}$，$\Delta E_3 = 13.3783\text{J}$，信号的总能量为 113.8462J。

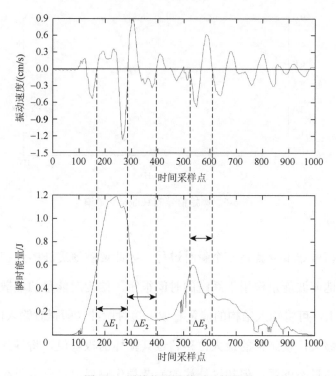

图 6-4　原始信号及其瞬时能量谱

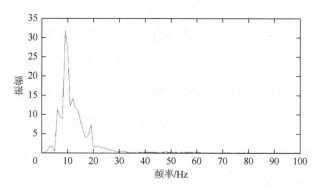

图 6-5　原始信号的边际谱

（1）结合波形图与瞬时能量谱可知，最大振幅段的瞬时输入能量最大，按照振幅由大到小的顺序，爆破地震波对建筑物的瞬时输入能量也逐渐减小，根据能量破坏原理，最大振幅点对建筑结构的危害最强，振幅较小点对其的危害也相对较小。

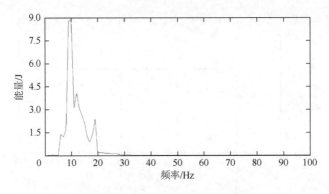

图 6-6　原始信号的 Hilbert 能量谱

（2）炸药爆炸本身就是一个瞬时过程，因此爆破地震波的危害也可看成瞬时过程，即地震波能量作用于系统的时间很短。结构对能量的耗散主要以滞回能耗方式为主，可将输入结构的能量看成一短时脉冲（即瞬时输入能量），如果脉冲能量足够大，使结构的最大位移超过其损坏的极限值，将导致结构的直接破坏；如果能量不够强，但超过结构的疲劳损伤临界值，则会引起建筑物的累积破坏。

（3）由图 6-4 可知，瞬时输入能量的大小取决于地震波的振动幅值和振动周期（Δt），上述 ΔE_1、ΔE_2 和 ΔE_3 对应的时间采样点数分别为 117、108 及 85。点 1 处的幅值最大，且处于高处的质点较多，因此其瞬时输入能量最大。上述计算结果表明：振动周期越小，即振动频率越大，对应的瞬时输入能量越小；质点振动速度峰值越大，对应的瞬时输入能量越大，因此，瞬时输入能量的大小应该综合质点振动速度峰值和频率两方面因素。

（4）信号的边际谱描述了信号幅值在频率上的分布情况，Hilbert 能量谱则描述了信号能量在频率上的集中情况，结合图 6-5 和图 6-6 可看出，信号的能量集中分布在 5~20Hz，其中包括多个子振频带。

（5）如果在信号的时程上再加上一个相同的信号，得到的信号及其瞬时能量谱如图 6-7 所示，信号的边际谱如图 6-8 所示，Hilbert 能量谱如图 6-9 所示。由

图 6-7～图 6-9 可见，信号的振动时间延长了一倍，其总能量也增加了一倍，但每一段的瞬时输入能量却保持不变，说明相同条件下，长持时地震波对建筑物作用的总输入能量要大于短持时地震波，但是地震波持续时间与瞬时输入能量关系不大。如前面所述，如果信号对结构的瞬时最大输入能量未达到临界破坏值，但超过了结构的弹性变形临界值，将造成结构的非线性损伤，此时，长持时信号将会导致建筑物的相关特性参数逐步退化（如刚度、强度、耗能能力等），随着持续时间的增大，其对建筑物的破坏能力将增大，由于损伤的累积，将提前造成建筑物毁坏[98]。阳生权在其博士学位论文[99]中指出：振动持续时间若从 1s 增到 50s，地震波对建筑物的破坏能力将平均增大 40 倍。因此，爆破地震波持时对建筑物的破坏也起重要作用，它主要表现在超过建筑结构的弹性承受极限后，增加了非弹性变形阶段的累积破坏作用。

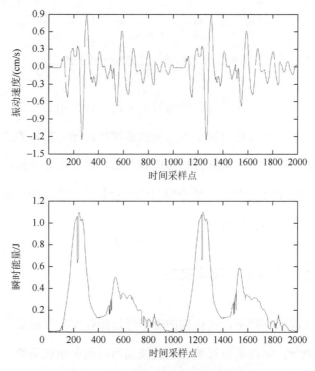

图 6-7　长持时信号波形及瞬时能量谱

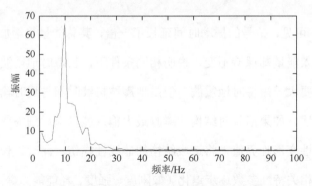

图 6-8　长持时信号的边际谱

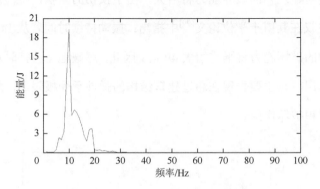

图 6-9　长持时信号的 Hilbert 能量谱

综上所述，地震波三要素对建筑物的危害是综合作用的结果，不同要素产生的影响不同。瞬时输入能量取决于质点振动速度以及振动频率的大小；地震波持时的作用主要表现在超过结构弹性损伤极限以后，进而在非弹性阶段的累积破坏方面。因此，使用 HHT 分析法、结合瞬时输入能量的概念，能够很好地反映出地震波三要素对建筑物的影响情况。

6.3.2　爆破地震波的累积破坏效应

在爆破地震波的作用下，当结构的变形超过弹性变形极限后，结构的位移可用时间的函数表示，结构的位移随着地震波作用时间的增长而增大，最终将导致建筑结构的严重损坏，这就是爆破地震波的累积破坏效应。爆破地震波累积破坏效应是建立在断裂理论和损伤力学理论框架下的，结构介质本身存在的微小裂纹、裂隙、裂缝等一系列的缺陷，在爆破地震波作用下，微小裂纹得到扩展，逐渐形成主裂纹及裂纹网，进而发展成为宏观意义上的裂纹，宏观裂纹网的贯通，造成建筑结构体的开裂甚至更严重的破坏。可以说，在反复爆破施工作业附近的建筑物所受的破坏是最大振动荷载与长期循环加载效应共同作用的结果，建筑结构在非弹性阶段因累积能量的破坏，也会造成结构丧失承载能力，称为地震波的累积破坏效应。国内外也有许多学者对地震波累积破坏效应做了理论和实验研究，证实了地震波累积破坏效应的存在[100-102]。

江近仁和孙景江通过对砖结构建筑的重复加载实验得出：地震波累积破坏效应可由砌体的最大变形和累积损耗的能量两个参数来表示[103]，用 r^* 表示破坏指标，则有

$$r^* = [(U_m / \delta_k)^2 + 3.67(\varepsilon / Q_m\delta_k)^{1.12}]^{0.5} \qquad (6\text{-}11)$$

式中，U_m 表示砌体最大变形；δ_k 表示与材料极限强度和刚度对应的位移；Q_m 表示材料的极限强度；ε 表示累积损耗的能量。

美国理海大学的 Fang 教授在其博士论文中指出[104]：当建筑物处质点振动速度约为 2mm/s 时，就可能引起墙体裂缝的扩张；当质点振动速度增大到约 1.2cm/s 时，裂缝扩张的速度加剧。由断裂理论[105]可得，裂缝扩张的速度为

$$\mathrm{d}a/\mathrm{d}N = AP^n a_0^m \qquad (6\text{-}12)$$

式中，a 为裂缝长度；N 为加载次数；P 为应力载荷；a_0 为原始裂缝长度；A、n、m 都是与材料有关的常数。

由此可见，裂缝的扩展速度不仅与地震波强度有关，还与加载次数及原始裂缝的大小有关。

爆破地震波累积破坏效应主要体现在两个方面，一是多次重复循环爆破的作用，二是长延时爆破的作用。其实，这两种作用都表现在瞬时输入能量上，若瞬

时输入能量超越建筑结构的弹性变形极限，即在塑性累积损伤区，如图 6-10 所示，瞬时输入能量值越大，爆破作用的次数越多，累积损伤的作用就越大。其中，当瞬时输入能量值达到首次超越最大位移的临界值时，将直接产生破坏，需要指出的是，随着爆破次数的不断增加，累积损伤也不断加剧，建筑结构本身性能将逐渐降低，结构破坏的最大临界值也不断减小，因此，结构累积损伤破坏的控制值将不断下降，这对控制爆破危害也提出了越来越高的要求。相反，若瞬时最大输入能量远低于结构疲劳损伤破坏的临界值，即在图 6-10 的弹性变形区，则无论作用次数及作用时间多少，都不会对结构产生有效破坏。

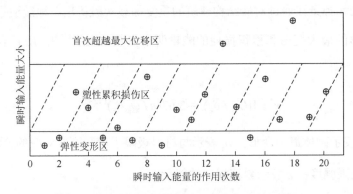

图 6-10　建筑结构受瞬时输入能量作用的示意图

6.3.3　建筑物自身结构特性的影响

同一个爆破地震波对不同建筑结构的影响大不相同，这主要体现在不同建筑物对地震波响应能力不同，而这又与建筑结构自身的动力学特性有关，包括结构的自振频率（振动周期）、振型、阻尼等，王俊平在其硕士学位论文中[106]对结构的自身动力学特性做了详细的研究。文献[107]中张义平博士也指出：在单自由度结构体系内，爆破地震波的作用主要表现在体系结构的共振上，不同自振频率的建筑结构对同一地震波信号分解出的 IMF 分量将进行有选择的响应，从而造成结构受不同程度的动态放大作用，动态放大效应越显著，其瞬时输入到结构的能量就越大，对建筑物的破坏程度就越大。建筑物对爆破地震波的响应能力取决于地面介质属性以及结构自身特性，建筑物受损情况主要涉及以下几方面因素。

1）结构的自振频率

当结构受到某种外界干扰后会产生位移或速度而偏离平衡状态，但外界干扰消失后结构将在其平衡位置附近继续运动，这种振动称为结构的自由振动。而结构在外部激励作用下的振动称为强迫振动。自由振动是受结构的固有特性支配的，并在强迫振动分析中有重要应用。

结构自由振动时的频率称为结构的自振频率[108]，记作 w。对大部分工程结构来说，结构的自振频率个数与结构的动力自由度相等。结构的自振频率按由小到大的顺序排列称为结构的频率谱，不同类型的结构具有不同的频率谱特征，其中频率间隔较大的称为稀疏型频率谱，例如，单跨梁、悬臂梁和不考虑按钮转动的房屋建筑等结构就是稀疏型频率谱；频率间隔较小的称为密集型频率谱，例如，连续梁、板、空间结构和考虑扭转转动的房屋建筑等结构。频率谱最小的频率称为结构的基本频率，简称基频（或第一阶频率），记为 w_1，其余依次记为 $w_2, \cdots, w_n$，分别称为第二阶频率、…、第 n 阶频率。

2）结构的振型

当结构按频率谱某一自振频率做自由振动时，其变形形状保持不变（即振动过程中各个质量的位移之比保持一个确定的关系），这种变形形状称为结构的主振型（或固有振型），简称振型。结构按基频做自由振动时的振型称为结构的基本振型，其余依次称为第二阶振型、第三阶振型、…、第 n 阶振型。一个 n 自由度的线弹性系统有 n 个固有频率和 n 个振型，而该结构在动载荷作用下的位移响应可用结构振型的线性组合来表示。

3）结构的阻尼

结构在自由振动过程中，如果没有能量的耗散，振动将永远保持由初始条件决定的振幅持续不断。但实际上，结构自由振动的振幅都会随时间而衰减，经过一定时间后停止，这是因为系统的能量因某些原因而消耗。这种能量的耗散作用称为阻尼，由于阻尼使振动衰减的系统称为有阻尼系统。通常认为，产生能量耗散的原因有结构材料的内摩擦（或黏性）、构件连接处的摩擦、周围介质（如空气、建筑物地基）的阻力影响。但是有关阻尼的作用机理，目前尚未完全研究清楚，为了从数学上便于处理，目前通常进行一些假定，采用等效黏滞阻尼理论，即不计空气、地基等因素，而假设结构物内部有阻尼器，以此代表产生阻尼的机制，并且假定作用于质量上的阻尼力大小与质量的运动速度成正比，方向与运动速度方向相反。

另外，爆破地震波对建筑物的危害还必须考虑建筑结构设计的特点以及建造历史、环境等因素。结构的设计不同对其自振频率、振型等影响较大，从而影响建筑物对地震波的响应能力。相同结构的建筑物，随着建造历史的增长，其周围的地质环境将变得更加复杂（包括人为因素、自然因素等），造成其对地震波的响应能力明显下降。

6.4　普通岩石爆破地震波对建筑物的影响研究

以第 3 章中的普通岩石爆破振动监测信号（该信号与图 6-4 挤淤爆破振动信号为同等起爆药量条件下监测所得）为研究对象，对该信号进行 HHT 分析，原始信号以及分析得到的瞬时能量谱如图 6-11 所示，信号的边际谱与 Hilbert 能量谱分别如图 6-12、图 6-13 所示。图 6-11 中的 ΔE_1、ΔE_2 和 ΔE_3 分别表示最大振幅点 1、次振幅点 2 和 3 的瞬时输入能量，利用前述计算瞬时输入能量的方法得：$\Delta E_1 = 22.1619\text{J}$，$\Delta E_2 = 8.9195\text{J}$，$\Delta E_3 = 8.0637\text{J}$，信号的总能量为 68.9968J，这再次说明最大振幅段的瞬时输入能量最大。上述各瞬时输入能量对应的时间采样点数为 43、55 及 46，点 2 处的最大振幅与点 3 处相当，但是其处于较高处的质点比点 3 处多，所以点 2 处瞬时输入能量比点 3 处大。从图 6-12 和图 6-13 中可看出，信号的能量集中分布在10~30Hz 。

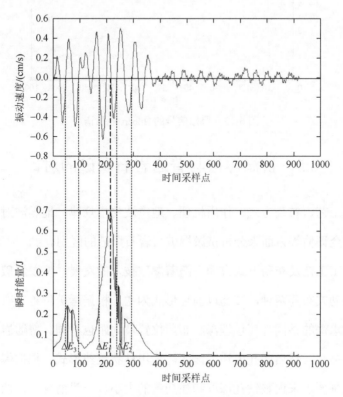

图 6-11　原始信号及其瞬时能量谱

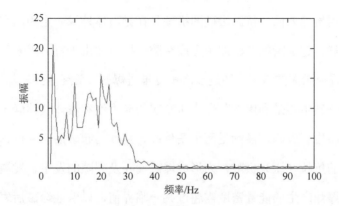

图 6-12　原始信号的边际谱

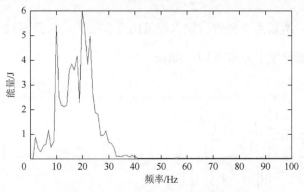

图 6-13　原始信号的 Hilbert 能量谱

6.5　挤淤爆破与普通岩石爆破的对比

从施工工艺、布药方式、作用机理、地震波传播规律、地震波对建筑物的影响、振动安全评估等方面来分析挤淤爆破与岩石爆破的区别。

（1）施工工艺及布药方式方面。随着爆破技术的发展，挤淤爆破主要有压入式布药和振动式布药两种，装药以药包形式为主，根据爆破位置（有堤头爆和堤侧爆）以及水深的不同，药包埋深、布药位置及间距也不同。普通岩石爆破主要通过钻孔机钻孔，然后向孔内注入炸药，采用柱状装药形式，根据爆破方量以及爆破安全控制要求来调整钻孔深度和注药量的大小。一般情况下，两者均采用微差起爆技术，有利于降低爆破地震效应。

（2）作用机理方面。挤淤爆破的机理是在抛石体外缘一定距离和深度的软基中埋放药包群，起爆瞬间在淤泥中形成空腔，抛石体由于重力因素随即坍塌填充空腔，达到置换淤泥的效果，经过多次重复推进爆破，最终达到软基压实的要求。而普通岩石爆破主要是利用炸药爆炸所激起的应力波和爆炸气体静压的综合破坏作用，若想将岩石破碎，需满足两个条件：一是炸药起爆后，单位体积内的应力要超过岩石的抗拉（压）极限，为形成爆破漏斗及裂隙的发生、发展等创造必要条件；二是爆炸产生的能量密度需超过某一临界值，以保证爆破后岩石的破碎度达到要求。

（3）地震波传播规律方面。第 4 章对爆破地震波传播规律做了研究，研究表明：挤淤爆破时，段药量对爆破振动效应的影响强于爆心距对其的影响，即段药量对挤淤爆破振动的大小起主要影响作用；堤侧爆破的振动强度大于堤头爆破。同等条件下，挤淤爆破振动强度（质点振动速度峰值）大于普通岩石爆破的振动强度。通过对地震波主频统计发现，同等条件下，挤淤爆破地震波主频小于普通岩石爆破。

（4）地震波对建筑物的影响方面。结合本章 6.3 节和 6.4 节内容可以看出，挤淤爆破地震波对建筑物的瞬时最大输入能量大于普通岩石爆破，另外，前者的总能量也大于后者；对比两者地震波的瞬时能量谱发现，相同条件下，挤淤爆破地震波对建筑物的输入能量持续时间大于普通岩石爆破；研究还发现，挤淤爆破振动信号的能量主要集中在 5～20Hz 频带，而普通岩石爆破振动的能量则集中于10～30Hz，即前者信号能量的集中频带小于后者。综上所述，同等条件下，挤淤爆破对建筑物的振动危害强于普通岩石爆破。

（5）振动安全评估方面。两种爆破场地及周围环境不同，需要评估的对象也存在差异，一般情况下，岩石爆破时，安全评估的主要对象有建筑结构物、敏感电子部件、人体生物等，很多学者都对此做了详细的研究[108]，《爆破安全规程》也就不同对象给出了具体的安全等级及控制阈值。对于挤淤爆破来说，鉴于其爆破环境的特殊性，除了要注意以上防护对象的安全，还需考虑海上重要设施、附近船只等的安全防护问题，这点类似于水下爆破的安全防护问题，在规程中也给出了相应的控制阈值。

参 考 文 献

[1]   崔政权，李宁. 边坡工程——理论与实践最新发展[M]. 北京：中国水利水电出版社，1999.

[2]   白志勇，黄素珍，鲁勉. 爆破对边坡岩体稳定性的影响[J]. 路基工程，1995，（3）：19-23.

[3]   张永哲，甄胜利. 漫湾电站开挖爆破对高边坡动力稳定影响的分析研究[J]. 工程爆破，1996，2（1）：1-11.

[4]   张时忠，张天赐，吴立. 爆破施工对边坡稳定性影响初探[J]. 中国地质灾害与防治学报，1996，7（1）：39-43.

[5]   黎剑华，张龙，颜荣贵. 爆破地震波作用下的边坡失稳机理与临界振速[J]. 矿冶，2001，10（1）：11-15.

[6]   朱传云，卢文波，董振华. 岩质边坡爆破振动安全判据综述[J]. 爆破，1997，14（4）：13-17.

[7]   亚南，赵其华，王兰生，等. 边坡工程的爆破效应分析[J]. 地质灾害与环境保护，1995，6（1）：18-24.

[8]   卢文波，赖世骧，朱传云. 岩石高边坡爆破振动动力稳定性分析[J]. 矿业工程，1996，16（1）：1-7.

[9]   Cravero M，Iabichino G，Mancini R. The effects of the rock blasting with explosive on the stability of a rock face[C]. Proceedings of the 6th International Conference on Numerical Methods in Geomechanics，Innsbruck，1988.

[10]   Sarma S K. Stability analysis of embankments and slopes[J]. Journal of the Geotechnical Engineering Division，1979，105：1511-1524.

[11]   周蒂. 国际数学地质界的盛会——记 IAMG 第 25 周年大会[J]. 物探化探计算技术，1994，16（1）：89-92.

[12]   夏元友，朱瑞赓，李新平. 边坡稳定性研究的综述与展望[J]. 金属矿山，1995，（12）：9-12.

[13]   胡柳青，李夕兵，温世游. 边坡稳定性研究及其发展趋势[J]. 矿业研究与开发，2000，20（5）：7-9.

[14]   钟立勋. 意大利瓦依昂水库滑坡事件的启示[J]. 中国地质灾害与防治学报，1994，5（2）：77-84.

[15]   张倬元，王士天，王兰生. 工程地质分析原理[M]. 2 版. 北京：地质出版社，1994.

[16]   黄昌乾，丁恩保. 边坡工程常用稳定性分析方法[J]. 水电站设计，1999，15（1）：53-58.

[17]   王泳嘉，冯夏庭. 关于计算岩石力学发展的几点思考[J]. 岩土工程学报，1996，18（4）：103-104.

[18]   崔政权，李宁. 边坡工程——理论与实践最新发展[M]. 北京：中国水利水电出版社，1999.

[19]   潘家铮. 建筑物的抗滑稳定和滑坡分析[M]. 北京：中国水利水电出版社，1980.

[20]   祝玉学，沈大用. 可靠性指标法在双滑面破坏模式分析中的应用[J]. 矿山技术，1989，（3）：1-4.

[21]   鲁兆明，祝玉学. 边坡工程可靠性评价方法及运用[J]. 有色金属（矿山部分），1989，（3）：12-17.

[22]   祝玉学. 边坡工程的可靠性分析[J]. 矿山技术，1991，（5）：66-71.

[23]   谭晓慧. 多滑面边坡的可靠性分析[J]. 岩石力学与工程学报，2001，20（6）：822-825.

[24]   罗文强，晏同珍. 斜坡稳定系数的概率分析[J]. 地球科学：中国地质大学学报，1996，21（6）：653-655.

[25]   彭德红. 浅谈边坡稳定性分析方法[J]. 上海地质，2005，（3）：44-47.

[26]   吴刚，夏艳华，陈静曦，等. 可行性理论在边坡反分析中的运用[J]. 岩土力学，2003，24（5）：809-812.

[27] 谢贤平，李芳成. 灰色聚类法在边坡稳定性评价中的应用[J]. 东北煤炭技术，1990，(3)：58-61.

[28] Feng X T，Wang Y J，Yao J G. A neural network model for real-time roof pressure prediction in coal mines[J]. International Journal of Rock Mechanics and Mining Sciences and Geomechanics Abstracts，1996，33（6）：647-653.

[29] 谢和平，陈至达. 岩石类材料裂纹分叉非则性几何的分形效应[J]. 力学学报，1989，21（5）：613-617.

[30] 邓跃进，王葆元，张正禄. 边坡变形分析与预报的模糊人工神经网络方法[J]. 武汉测绘科技大学学报，1998，23（1）：26-31.

[31] 黄润秋，许强. 突变理论在工程地质中的应用[J]. 工程地质学报，1993，1（1）：65-73.

[32] 秦四清，张倬元，王士天，等. 非线性工程地质学导引[M]. 成都：西南交通大学出版社，1993.

[33] 王兰生，李天斌. 浅生时效变形结构[J]. 地质灾害与环境保护，1991，2（1）：1-15.

[34] 王恭先，李天池. 中国的滑坡研究[J]. 科学（上海），1991，43（3）：180-184.

[35] 丁彦慧. 中国西部地区地震滑坡预测方法研究[D]. 北京：中国地质大学，1997.

[36] 唐川，朱静，张翔瑞. GIS 支持下的地震诱发滑坡危险区预测研究[J]. 地震研究，2001，24（2）：73-81.

[37] 徐其茂. 地貌要素对自然边坡稳定性的影响[J]. 自然边坡稳定性分析研讨会论文集，1993：118-123.

[38] 蒋溥，戴丽思. 工程地震学概论[M]. 北京：地震出版社，1993.

[39] 张倬元，王士天，王兰生. 工程地质分析原理[M]. 北京：地质出版社，1993.

[40] 王存玉. 地震条件下二滩水库岸坡稳定性研究[J]. 岩体工程地质力学问题（七），1987：16-19.

[41] 何蕴龙，陆述远. 岩石边坡地震作用近似计算方法[J]. 岩土工程学报，1998，20（2）：66-68.

[42] 祁生文. 边坡动力响应分析及应用研究[D]. 北京：中国科学院地质与地球物理研究所，2002.

[43] Kley R J，Lutton R J. Engineering properties of nuclear craters：A study of selected rock excavations as related to large nuclear craters[R]. Washington：Center for Strategic and International Studies，1967.

[44] Poss-brown D R. Slope design in opencast mines[M]. London：University of London，1973.

[45] 彭文祥. 岩质边坡稳定性模糊分析及末水小东江电站左岸滑坡治理研究[D]. 长沙：中南大学，2004.

[46] 胡广韬. 滑坡动力学[M]. 北京：地质出版社，1995.

[47] 谷德振. 岩体工程地质力学基础[M]. 北京：科学出版社，1979.

[48] 陈自生. 滑坡的是与非[J]. 百科知识，1993，(3)：46-48.

[49] Ju H Y. The reasoned characteristic of landslide and environmental factor analyzing[C]. The Jan Ran Land Slide Society，Tokyo，1989.

[50] Mark E R. Slope stability caused by small variations in hydraulic conductivity[J]. Journal of Geoenvironmental Engineering，1997，123（8）：717-723.

[51] Kayyal M K，Hasen M. Case study of slope failures at spilmans island[J]. Journal of Geotechnical and Geoenvironmental Engineering Mechanics，1998，124（11）：1091-1099.

[52] 张有天，刘中. 岩体裂隙网络入渗非稳定渗流分析[A]. 三峡水利枢纽工程应用基础研究. 第一卷. 北京：中国科学技术出版社，1996.

[53] 于亚伦. 工程爆破理论与技术[M]. 北京：冶金工业出版社，2004.

[54] 周同岭，杨秀甫，翁家杰. 爆破地震高程效应的实验研究[J]. 建井技术，1997，18（S1）：31-35.

[55]　王在泉，陆文兴. 高边坡爆破开挖震动传播规律及质量控制[J]. 爆破，1994，11（3）：1-4.

[56]　舒大强，李小联，占学军，等. 龙滩水电工程右岸高边坡开挖爆破震动观测与分析[J]. 爆破，2002，19（4）：65-67.

[57]　龙源. 岩石爆破机理[M]. 南京：中国人民解放军理工大学工程兵工程学院出版社，2004.

[58]　李廷春，沙小虎，邹强. 爆破作用下高边坡的地震效应及控爆减振方法研究[J]. 爆破，2005，22（1）：1-6.

[59]　Heuze F E. Dilatant effect of rock joint[C]. Proceedings of the 4th Congress of the International Society for Rock Mechanics，Montreux，1978.

[60]　Орейберг э A. 确保地下水上建筑物在爆破时的完整性[J]. Ги-дротех. стр-во，1983，（5）：30-32.

[61]　Otuonye F O. Response of ground roof bolt to blast loading[J]. International Journal of Rock Mechanics and Mining Sciences，1988，25（5）：345-349.

[62]　Prost G L. Jointing at rock contacts in cyclic loading[J]. International Journal of Rock Mechanics and Mining Sciences，1988，25（5）：263-272.

[63]　Tien Y M，Lee D H，Juang C H. Strain，pore pressure and fatigue characteristics of sandstone under various loading conditions[J]. International Journal of Rock Mechanics and Mining Sciences，1990，27（4）：283-289.

[64]　Tao Z Y，Mo H H. An experimental study and analysis of the behavior of rock under cyclic loading[J]. International Journal of Rock Mechanics and Mining Sciences，1990，27（1）：51-56.

[65]　Digby P J，Nilsson L，Bergman B O. 在脆性岩石中爆破引起的振动、破坏以及破碎过程的计算机模拟[C]. 陈志珍，译. 第一届国际爆破破岩会议论文集，1984：227-233.

[66]　Fourney W L，Barker D B，Holloway D C. 爆破在裂隙发育岩石中的破碎作用[C]. 杨祖光，译. 第一届国际爆破破岩会议论文集，1984：281-289.

[67]　Pyrak-Nolte L J，Kowalsky M. Compressional wave anisotropy in fractured rock[J]. International Journal of Rock Mechanics and Mining Sciences，1997，34（3/4）：1-10.

[68]　何涛，杨竞，金鑫. ANSYS10.0/LS-DYNA 非线性有限元分析实例指导教程[M]. 北京：机械工业出版社，2007.

[69]　时党勇，李裕春，张胜民. 基于 ANSYS/LS-DYNA 8.1 进行显示动力分析[M]. 北京：清华大学出版社，2005.

[70]　李裕春，时党勇，赵远. ANSYS10.0/LS-DYNA 基础理论与工程实践[M]. 北京：中国水利水电出版社，2006.

[71]　Zhang D J，Bai S W，Tang P. The influence of vibratory stress on jointed rock slope[A]. Proceedings of the 7th International Symposium on Rcok Fragmentation by Blasting[C]. Beijing：Metallurgical Industry Press，2002.

[72]　阳生权. 爆破地震累积效应理论和应用初步研究[D]. 长沙：中南大学，2002.

[73]　张建华. 爆炸处理水下软基筑堤法[J]. 水运工程，1998，（6）：29-33.

[74]　李翼棋，马素贞. 爆炸力学[M]. 北京：科学出版社，1988.

[75]　余海忠. 抛石爆破挤淤筑堤的机理及检测方法研究[D]. 北京：中国铁道科学研究院，2011.

[76]　Zheng Z M，Yang Z S，Jin L. Underwater explosion treatment of marine soft foundation[J]. China Ocean Engineering，1991，5（2）：213-234.

[77]　王田，王峰，张阳. 大进尺爆破挤淤筑堤施工方法的探讨[J]. 爆破，2011，28（3）：90-92.

[78] 徐学勇，汪稔，吴京平，等. 特殊地形条件下爆破挤淤振动效应测试与分析[J]. 振动与冲击，2009，28（1）：182-185.

[79] 王克勤，王相国. 爆破挤淤法施工中的安全控制[J]. 中国水运，2009，9（1）：233-235.

[80] 王卫东，宋兵. 偏心爆破挤淤技术应用研究[J]. 中国港湾建设，2010，（5）：54-57.

[81] 郑哲敏，杨振声. 爆炸处理水下海淤软基[C]. 第四届全国工程爆破学术会议，北京，1993.

[82] 许连坡. 填石排淤法中的爆炸作用[J]. 爆炸与冲击，1992，12（1）：54-61.

[83] 张翠兵，张志毅，高凌天，等. 爆炸排淤法"石舌"形成过程的数值模拟[J]. 力学与实践，2003，25（6）：54-58.

[84] 乔继延，丁桦，郑哲敏. 爆炸排淤填石法机理研究[J]. 岩土工程学报，2004，24（3）：349-352.

[85] 金利军. 爆炸法处理软土地基技术的发展及应用[J]. 水运工程，2005，（4）：22-26.

[86] 张翠兵. 厚层淤泥中采用爆炸定向滑移法修筑防波堤机理研究[D]. 北京：中国铁道科学研究院，2001.

[87] 余海忠. 抛石爆破挤淤筑堤的机理及检测方法研究[D]. 北京：中国铁道科学研究院，2011.

[88] 陆凡东，方向，高振儒，等. 防波堤爆破挤淤施工对在建核设施的振动影响分析[J]. 工程爆破，2010，16（2）：66-69.

[89] 张建华. 水下淤泥质软地基爆炸定向滑移处理法[P]：中国，CN 1295157A. 2003.

[90] 张南，方向，范磊，等. 海工挤淤爆破对周围民房的振动影响分析[J]. 爆破器材，2012，41（3）：35-37.

[91] 张光州. 运用 MATLAB 对爆破振动数据的回归分析[D]. 北京：北京科技大学，2005.

[92] 娄建武. 工程爆破中的建筑物振动监测[D]. 南京：中国人民解放军理工大学，2000.

[93] Kizhnert S, Flatley T P, Huang N E, et al. On the Hilbert-Huang transform data processing system development[C]. 2004 IEEE Aerospace Conference Proceedings, Washington, 2004.

[94] Wilton T J, Hills R L. Blasting vibration monitoring on anchored retaining walls and within boreholes[C]. Rock Engineering and Excavation in An Urban Environment, Hong Kong, 1986.

[95] 张志呈. 爆破地震参量与振动持续时间[J]. 四川冶金，2002，（3）：1-4.

[96] Vayong W, Minxian C. Dependence of structure damage on the parameters of earthquake strong motion[J]. European Earthquake Engineering, 1990, 19（1）：13-23.

[97] Haluk S, Alphan N. Earthquake ground motion characteristics and seismic energy dissipation[J]. Earthquake Engineering and Structural Dynamics, 1995, 24（9）：1195-1213.

[98] Norio I, Heisha W, Hideto K, et al. Shaking table tests of reinforced concrete columns subjected to simulated input motions with different time duration[C]. Proceedings of 12th World Conference on Earthquake Engineering, New Zealand, 2000.

[99] 阳生权. 爆破地震累积效应理论和应用初步研究[D]. 长沙：中南大学，2002.

[100] 朱士杰. 城市地下爆破[J]. 隧道译丛，1991，（1）：6-11.

[101] 马积薪. 关于隧道开挖中超近爆破的研究[J]. 隧道译丛，1994，（1）：1-10.

[102] Chakraborty A K, Murthy V M S R, Jethwa J L. Innovative cautious blasting technique for excavation dose to a running hydro-electric powerhouse-a case study[J]. Proceedings of the Institution of Civil Engineers Geotechnical

Engineering，1996，119（1）：57-63.

[103] 江近仁，孙景江. 砖建（构）筑物的地震破坏模型[J]. 地震工程与工程振动，1987，7（1）：27-32.

[104] Fang H Y. Field Studies of Structural Response to Blasting Vibrations and Environmental Effects[M]. Bethlehem：Lehigh University，1976.

[105] 诺特·J，威西·P. 断裂力学应用实例[M]. 北京：科学出版社，1995.

[106] 王俊平. 爆破地震波对周围建筑物影响的分析[D]. 武汉：武汉理工大学，2005.

[107] 张义平. 爆破震动信号的 HHT 分析与应用研究[D]. 长沙：中南大学，2006.

[108] 林大超，白春华. 爆炸地震效应[M]. 北京：地质出版社，2007.

附录 部分振动监测数据列表

附表 1-1 挤淤爆破（堤头）振动监测数据

测点名称：1 号　　　　　测量速度/(cm/s)

炮次	段药量/kg	爆心距/m	垂直方向（V）		东西方向（R）		南北方向（T）	
			峰值	主频	峰值	主频	峰值	主频
01	24	712.3	0.1525	20.6	0.1358	15.4	0.1486	15.4
02	24	716.6	0.1512	18.9	0.1347	21.3	0.1474	16.5
03	24	724.2	0.1490	26.3	0.1326	18.9	0.1453	23.5
04	24	726.8	0.1482	24.1	0.1320	29.4	0.1446	29.3
05	24	730.5	0.1472	18.5	0.1310	25.0	0.1436	24.8
06	24	731.7	0.1468	26.8	0.1307	24.5	0.1432	21.6
07	24	735.1	0.1458	13.6	0.1298	12.1	0.1423	12.1
08	24	737.4	0.1452	18.5	0.1293	16.4	0.1417	13.9
09	24	739.8	0.1445	25.3	0.1287	24.1	0.1411	22.5
10	24	742.3	0.1438	31.6	0.1280	24.8	0.1404	24.8
11	24	746.1	0.1428	26.3	0.1271	28.5	0.1394	23.7
12	24	747.8	0.1423	21.5	0.1267	26.0	0.1390	26.0
13	24	751.5	0.1413	30.8	0.1258	26.8	0.1381	27.3
14	24	754.3	0.1406	28.5	0.1251	25.6	0.1374	25.6
15	24	756.8	0.1399	36.7	0.1245	27.3	0.1367	29.1

附表 1-2 挤淤爆破（堤头）振动监测数据

测点名称：3 号　　　　　测量速度/(cm/s)

炮次	段药量/kg	爆心距/m	垂直方向（V）		东西方向（R）		南北方向（T）	
			峰值	主频	峰值	主频	峰值	主频
01	24	708.5	0.2328	21.5	0.2033	18.2	0.2160	18.5
02	24	706.1	0.2338	19.8	0.2042	17.3	0.2170	9.4
03	24	714.9	0.2300	18.6	0.2009	10.5	0.2134	10.5
04	24	712.4	0.2311	25.2	0.2018	18.3	0.2144	18.4
05	24	715.5	0.2297	11.6	0.2006	27.0	0.2132	27.0
06	24	717.0	0.2291	17.4	0.2001	17.4	0.2126	26.8

续表

炮次	段药量/kg	爆心距/m	垂直方向（V）		东西方向（R）		南北方向（T）	
			峰值	主频	峰值	主频	峰值	主频
07	24	719.2	0.2282	19.5	0.1992	10.2	0.2117	10.3
08	24	712.5	0.2310	37.1	0.2018	23.5	0.2144	23.5
09	24	714.8	0.2300	18.3	0.2009	25.4	0.2135	25.6
10	24	720.6	0.2276	26.8	0.1987	35.1	0.2111	35.1
11	24	716.1	0.2295	12.5	0.2004	32.0	0.2129	32.0
12	24	721.7	0.2271	26.3	0.1983	17.5	0.2107	17.4
13	24	718.5	0.2285	9.5	0.1995	9.5	0.2120	18.2
14	24	722.0	0.2270	23.7	0.1982	12.3	0.2106	11.9
15	24	722.8	0.2267	29.3	0.1979	17.6	0.2103	17.6

附表 2-1　挤淤爆破（堤头）振动监测数据

测点名称：1 号　　　　　测量加速度/g

炮次	段药量/kg	爆心距/m	垂直方向（V）		东西方向（R）		南北方向（T）	
			峰值	主频	峰值	主频	峰值	主频
01	24	712.3	0.0041	12.5	0.0054	22.3	0.0048	35.6
02	24	716.6	0.0041	14.3	0.0053	10.1	0.0048	11.4
03	24	724.2	0.0040	26.8	0.0052	18.5	0.0047	18.4
04	24	726.8	0.0040	35.4	0.0052	20.6	0.0047	20.6
05	24	730.5	0.0040	19.9	0.0052	15.1	0.0047	15.1
06	24	731.7	0.0039	38.5	0.0052	19.4	0.0046	19.4
07	24	735.1	0.0039	33.6	0.0051	21.7	0.0046	21.5
08	24	737.4	0.0039	23.1	0.0051	9.6	0.0046	9.6
09	24	739.8	0.0040	27.3	0.0051	27.3	0.0046	15.4
10	24	742.3	0.0039	31.0	0.0051	17.2	0.0046	17.2
11	24	746.1	0.0039	26.1	0.0051	15.3	0.0045	15.3
12	24	747.8	0.0039	29.5	0.0050	19.5	0.0045	19.4
13	24	751.5	0.0038	27.1	0.0050	10.5	0.0045	10.5
14	24	754.3	0.0038	36.2	0.0050	18.5	0.0045	18.3
15	24	756.8	0.0038	23.8	0.0050	11.7	0.0045	23.8

附表 2-2 挤淤爆破（堤头）振动监测数据

测点名称：3 号　　　　测量加速度/g

炮次	段药量/kg	爆心距/m	垂直方向（V）		东西方向（R）		南北方向（T）	
			峰值	主频	峰值	主频	峰值	主频
01	24	708.5	0.0047	22.0	0.0060	10.5	0.0050	10.5
02	24	706.1	0.0047	25.6	0.0061	33.5	0.0051	33.5
03	24	714.9	0.0046	18.7	0.0060	9.3	0.0050	9.3
04	24	712.4	0.0047	35.6	0.0060	16.1	0.0050	16.1
05	24	715.5	0.0046	27.5	0.0060	18.2	0.0050	14.6
06	24	717.0	0.0046	31.3	0.0060	18.4	0.0050	19.1
07	24	719.2	0.0046	26.4	0.0059	11.5	0.0049	11.5
08	24	712.5	0.0047	27.9	0.0060	19.0	0.0050	19.0
09	24	714.8	0.0046	22.1	0.0060	14.2	0.0050	14.6
10	24	720.6	0.0046	18.0	0.0059	18.1	0.0049	13.7
11	24	716.1	0.0046	36.1	0.0059	22.5	0.0050	22.5
12	24	721.7	0.0046	29.3	0.0059	11.3	0.0049	11.3
13	24	718.5	0.0046	30.0	0.0060	18.4	0.0050	17.7
14	24	722.0	0.0046	21.2	0.0059	14.4	0.0049	14.4
15	24	722.8	0.0045	27.5	0.0058	10.4	0.0049	10.2

附表 3-1 挤淤爆破（堤侧）振动监测数据

测点名称：1 号　　　　测量速度/(cm/s)

炮次	段药量/kg	爆心距/m	垂直方向（V）		东西方向（R）		南北方向（T）	
			峰值	主频	峰值	主频	峰值	主频
01	60	456.5	0.7653	25.1	1.0313	11.3	0.7786	11.3
02	60	478.2	0.7199	14.2	0.9713	9.4	0.7317	9.3
03	60	492.1	0.6932	18.5	0.9360	13.2	0.7042	14.6
04	60	515.6	0.6519	23.9	0.8812	10.7	0.6616	10.3
05	60	528.0	0.6318	20.5	0.8546	9.4	0.6409	10.6
06	60	556.3	0.5898	25.5	0.7988	14.7	0.5976	14.7
07	60	572.5	0.5679	38.0	0.7698	15.4	0.5751	15.4

炮次	段药量/kg	爆心距/m	垂直方向（V）		东西方向（R）		南北方向（T）	
			峰值	主频	峰值	主频	峰值	主频
08	60	590.1	0.5457	25.8	0.7402	22.1	0.5523	25.2
09	60	612.8	0.5192	19.4	0.7050	12.6	0.5251	12.5
10	60	635.0	0.4954	27.3	0.6733	16.5	0.5007	12.8
11	60	656.8	0.4738	21.6	0.6446	13.1	0.4785	13.1
12	60	672.4	0.4594	16.4	0.6253	14.0	0.4638	14.1
13	60	689.6	0.4444	18.5	0.6052	10.0	0.4483	10.5
14	60	715.2	0.4235	25.4	0.5774	12.1	0.4270	12.1
15	60	732.9	0.4101	22.5	0.5594	15.3	0.4133	12.8

附表 3-2 挤淤爆破（堤侧）振动监测数据

测点名称：3 号　　　　　测量速度/(cm/s)

炮次	段药量/kg	爆心距/m	垂直方向（V）		东西方向（R）		南北方向（T）	
			峰值	主频	峰值	主频	峰值	主频
01	60	432.6	0.9201	14.2	1.2357	9.4	0.9489	9.3
02	60	456.3	0.8590	17.5	1.1553	13.5	0.8860	13.5
03	60	469.5	0.8281	20.6	1.1145	13.7	0.8542	13.2
04	60	487.0	0.7900	15.9	1.0642	8.5	0.8149	8.4
05	60	508.1	0.7480	25.4	1.0088	15.7	0.7717	12.4
06	60	525.8	0.7158	16.4	0.9662	10.0	0.7385	10.5
07	60	551.3	0.6734	18.5	0.9102	12.1	0.6949	12.8
08	60	573.0	0.6408	18.5	0.8669	12.6	0.6612	12.6
09	60	594.5	0.6111	21.9	0.8276	10.5	0.6307	10.3
10	60	617.2	0.5824	20.7	0.7894	13.1	0.6010	13.6
11	60	632.0	0.5649	16.1	0.7661	14.2	0.5830	12.8
12	60	651.5	0.5432	18.2	0.7373	18.5	0.5607	13.1
13	60	668.7	0.5253	18.4	0.7135	13.9	0.5422	14.1
14	60	685.5	0.5088	27.5	0.6915	22.1	0.5252	16.5
15	60	714.8	0.4821	25.6	0.6560	18.0	0.4977	13.1

附表 4-1　挤淤爆破（堤侧）振动监测数据

测点名称：1 号　　　　测量加速度/g

炮次	段药量/kg	爆心距/m	垂直方向（V）		东西方向（R）		南北方向（T）	
			峰值	主频	峰值	主频	峰值	主频
01	60	456.5	0.0062	21.1	0.0142	9.4	0.0084	11.3
02	60	478.2	0.0058	14.6	0.0134	13.5	0.0078	13.3
03	60	492.1	0.0055	18.5	0.0129	13.7	0.0075	13.6
04	60	515.6	0.0052	21.9	0.0121	8.5	0.0071	10.3
05	60	528.0	0.0050	20.5	0.0118	15.7	0.0068	10.6
06	60	556.3	0.0046	25.5	0.0110	10.0	0.0063	14.7
07	60	572.5	0.0044	28.4	0.0106	12.1	0.0061	15.4
08	60	590.1	0.0042	25.8	0.0102	12.6	0.0058	25.2
09	60	612.8	0.0040	19.4	0.0097	10.5	0.0055	12.5
10	60	635.0	0.0038	24.7	0.0092	13.1	0.0053	12.8
11	60	656.8	0.0036	21.6	0.0088	14.2	0.0050	14.2
12	60	672.4	0.0035	19.9	0.0086	18.5	0.0049	14.1
13	60	689.6	0.0034	18.5	0.0083	13.9	0.0047	10.5
14	60	715.2	0.0032	21.4	0.0079	12.1	0.0045	12.1
15	60	732.9	0.0031	17.5	0.0077	10.0	0.0043	10.1

附表 4-2　挤淤爆破（堤侧）振动监测数据

测点名称：3 号　　　　测量加速度/g

炮次	段药量/kg	爆心距/m	垂直方向（V）		东西方向（R）		南北方向（T）	
			峰值	主频	峰值	主频	峰值	主频
01	60	432.6	0.0078	15.1	0.0176	9.4	0.0102	9.3
02	60	456.3	0.0072	24.3	0.0164	12.1	0.0094	12.3
03	60	469.5	0.0069	18.8	0.0158	13.2	0.0091	13.2
04	60	487.0	0.0066	23.9	0.0151	10.5	0.0086	10.4
05	60	508.1	0.0062	21.3	0.0143	12.7	0.0081	12.5
06	60	525.8	0.0059	26.2	0.0137	10.3	0.0078	10.5
07	60	551.3	0.0056	18.6	0.0129	12.1	0.0073	12.2
08	60	573.0	0.0053	25.8	0.0122	11.6	0.0069	11.6
09	60	594.5	0.0050	19.4	0.0117	10.5	0.0066	10.3
10	60	617.2	0.0047	27.3	0.0111	13.1	0.0062	13.6

炮次	段药量/kg	爆心距/m	垂直方向（V）		东西方向（R）		南北方向（T）	
			峰值	主频	峰值	主频	峰值	主频
11	60	632.0	0.0046	21.6	0.0108	14.2	0.0060	12.8
12	60	651.5	0.0044	16.4	0.0104	18.5	0.0058	13.1
13	60	668.7	0.0042	19.4	0.0100	11.9	0.0056	12.1
14	60	685.5	0.0041	25.5	0.0097	12.1	0.0054	13.5
15	60	714.8	0.0039	21.7	0.0092	13.2	0.0051	13.1

附表 5-1　普通岩石爆破振动监测数据

测量速度/(cm/s)

炮次	段药量/kg	爆心距/m	垂直方向（V）		东西方向（R）		南北方向（T）	
			峰值	主频	峰值	主频	峰值	主频
01	24	702.5	0.1796	32.0	0.1564	21.5	0.1683	21.6
02	24	708.0	0.1326	25.6	0.1775	14.7	0.1639	14.7
03	24	701.3	0.1801	28.7	0.1756	17.5	0.1702	17.5
04	24	696.8	0.1819	35.6	0.1812	22.1	0.1647	20.9
05	24	692.0	0.1838	27.5	0.1585	175	0.1701	20.2
06	24	700.5	0.1306	41.3	0.1528	24.5	0.1804	24.5
07	24	704.2	0.1483	36.4	0.1790	18.4	0.1780	18.4
08	24	710.6	0.1765	37.9	0.1736	22.4	0.1425	22.6
09	24	706.0	0.1783	32.1	0.1065	19.4	0.0786	19.4
10	24	701.5	0.1376	48.0	0.1725	26.7	0.1800	22.7
11	24	698.3	0.1813	36.1	0.1803	18.6	0.1214	21.3
12	24	703.5	0.1459	29.3	0.1792	19.9	0.1135	19.9
13	24	705.0	0.1787	40.0	0.1726	18.5	0.1431	18.5
14	24	702.6	0.1675	39.2	0.1796	21.4	0.1503	25.7
15	24	708.1	0.1638	37.5	0.1775	17.5	0.1723	17.6

附表 5-2　普通岩石爆破振动监测数据

测量加速度/g

炮次	段药量/kg	爆心距/m	垂直方向（V）		东西方向（R）		南北方向（T）	
			峰值	主频	峰值	主频	峰值	主频
01	24	702.5	0.0039	35.1	0.0035	14.2	0.0038	14.2
02	24	708.0	0.0026	44.3	0.0038	27.1	0.0038	27.5
03	24	701.3	0.0031	38.8	0.0036	16.5	0.0039	20.6

续表

炮次	段药量/kg	爆心距/m	垂直方向（V）		东西方向（R）		南北方向（T）	
			峰值	主频	峰值	主频	峰值	主频
04	24	696.8	0.0039	25.7	0.0036	12.9	0.0032	12.8
05	24	692.0	0.0038	41.3	0.0040	21.4	0.0037	21.4
06	24	700.5	0.0033	36.2	0.0038	18.4	0.0039	18.4
07	24	704.2	0.0039	38.6	0.0035	17.1	0.0038	17.1
08	24	710.6	0.0038	45.8	0.0038	20.5	0.0033	20.5
09	24	706.0	0.0031	39.4	0.0039	21.4	0.0038	21.9
10	24	701.5	0.0038	47.3	0.0034	20.7	0.0039	20.7
11	24	698.3	0.0035	31.6	0.0039	19.1	0.0038	22.5
12	24	703.5	0.0039	36.4	0.0036	18.2	0.0038	18.2
13	24	705.0	0.0038	39.4	0.0039	21.4	0.0032	38.5
14	24	702.6	0.0027	25.5	0.0038	14.5	0.0039	14.8
15	24	708.1	0.0038	41.7	0.0029	25.6	0.0036	25.6